环保行动系列丛书

城市生活垃圾资源化

韩 丹 主编
毕金华 赵由才 副主编

CHENGSHI
SHENGHUO
LAJI
ZIYUANHUA

全国百佳图书出版单位
化学工业出版社
·北京·

本书共分5章，在概述了生活垃圾现状、危害、分类的基础上，详细介绍了餐厨垃圾、可回收物、其他垃圾、大件垃圾、装修垃圾及电子废弃物的资源化利用。

本书是“环保行动系列丛书”中的一分册，内容丰富、语言生动平实，适合资源再生、城乡环境卫生治理、生活垃圾无害化处理处置等领域的从业人员、企业管理人员，以及关心生活垃圾分类减量、资源回收循环利用和绿色生活、生态文明建设的广大读者阅读。

图书在版编目（CIP）数据

城市生活垃圾资源化 / 韩丹主编. —北京：化学工业出版社，2020.4
（环保行动系列丛书）
ISBN 978-7-122-36192-9

Ⅰ.①城… Ⅱ.①韩… Ⅲ.①城市－生活废物－废物综合利用 Ⅳ.①X799.305

中国版本图书馆CIP数据核字（2020）第025554号

责任编辑：刘　婧　刘兴春　　　装帧设计：史利平
责任校对：张雨彤

出版发行：化学工业出版社（北京市东城区青年湖南街13号　邮政编码100011）
印　　装：涿州市般润文化传播有限公司
710mm×1000mm　1/16　印张9 1/4　字数125千字　2020年7月北京第1版第1次印刷

购书咨询：010-64518888　　　售后服务：010-64518899
网　　址：http://www.cip.com.cn
凡购买本书，如有缺损质量问题，本社销售中心负责调换。

定　　价：45.00元

前言

全球每年产生的生活垃圾量多达 25 亿吨，如果不能很好地根据其成分、属性及利用价值进行分类、分离、处理，而是全部混合焚烧或填埋，甚至随处丢弃，这样不仅会污染空气，占用大量土地，而且还会污染河流、湖泊、海洋、土壤和地下水，使人类成为垃圾污染的受害者。

生活垃圾变废为宝就是垃圾资源化的过程，即将生活垃圾直接作为产品进行再利用，或者采用适当工艺实现生活垃圾中不同材料及能源的再循环使用。这样一方面可减少生活垃圾存量，节省土地资源，避免潜在污染；另一方面，综合利用生活垃圾生产新产品、新能源，还可获得更高的经济效益，可谓是生态效益与经济效益兼得。

本书共 5 章，以通俗易懂、循序渐进的方式和图文并茂的形式，首先为读者介绍了我们日常生活中各类生活垃圾的外观、产生量，带读者认识各类废弃物的危害及其理化特性。然后重点介绍了不同种类生活垃圾资源化利用的工艺。例如日常生活中其他垃圾通过焚烧发电转变成热量和电能，厨余垃圾通过资源化转变成肥料，不同种类可回收物通过资源化处理变成多种多样的工艺品、再生品、新产品。同时通过介绍美国、德国、日本等发达国家的一些废弃物资源化实例，让读者足不出户就能了解国外先进的资源化处理技术。在了解国外先进处理技术之后，本书着重介绍了我国的再生资源处理技术发展、我国处理技术的开创性及发展现状。本书通过列举国内外一些新颖的生活垃圾资源化案例，给读者带来新鲜、脑洞大开的体验，旨在让读者了解不同类型生活垃圾如何再生循环利用，对公众参与垃圾分类、提升生活垃圾分类积极性有着正面的引导作用。

本书由韩丹任主编，毕金华、赵由才任副主编，同时本书的编写得到了中国天楹李军总工程师、蒋丹、张聪逸、李正阳、张晖、秦玉坤、李天水、王蒙、王权、程利萍、张惠林等科研人员的大力支持，在此表示衷心感谢。

限于笔者水平和编写时间，书中难免有不足之处，敬请广大读者指正。

编　者

2019 年 12 月

目录

第1章

生活垃圾知多少

1.1 疯狂增长的生活垃圾

生活垃圾，是指人们在日常生活中或者为日常生活提供服务的活动中产生的固体废物，以及法律、行政法规规定视为生活垃圾的固体废物，主要包括居民生活垃圾、街道清扫垃圾和公共机构及企业垃圾等。

随着社会经济的快速发展，城市化进程的加快以及人民生活水平的迅速提高，城市生产与生活过程中产生的垃圾废物也随之迅速增加，垃圾围城、垃圾堆积成山现象日益凸显。据国家统计局统计数据显示，2017 年我国生活垃圾清运量达到 2.15 亿吨，较 2010 年增长了 36.16%，我国近几年生活垃圾清运量见图 1.1。

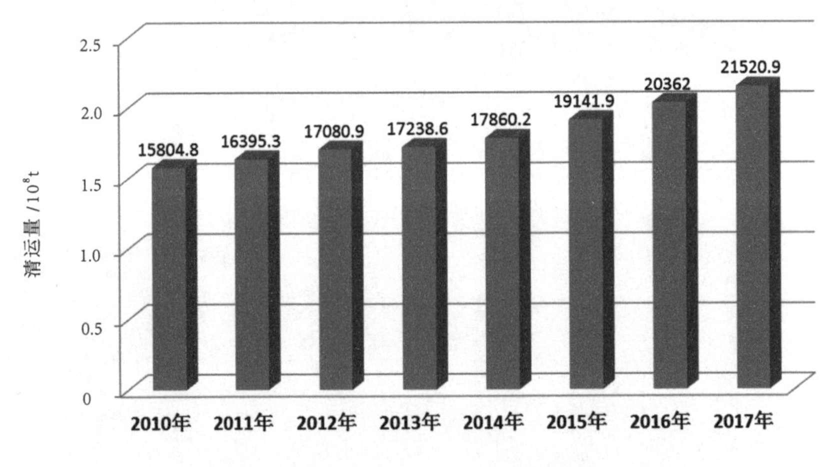

图 1.1 我国近几年生活垃圾清运量变化趋势

以上海市为例，按 2018 年 2424 万人口、人均日产 1.2 千克的生活垃圾计算，上海每天会产生 2.91 万吨生活垃圾，每年会产生 1062 万吨生活垃圾。形象地说，上海每 2 天产生的生活垃圾的重量就相当于一艘 5 万吨的辽宁号航母，12 天的垃圾产量相当于一座东方明珠，15 天的垃圾产量相当于一座金茂大厦，20 天的垃圾产量相当于一座上海八万人体育场，23 天的垃圾产量相当于一座环球金融中心，其产量概念类比见图 1.2。

（a）12 天的垃圾产量相当于一座东方明珠

（b）15 天的垃圾产量相当于一座金茂大厦

（c）20 天的垃圾产量相当于一座上海八万人体育场

（d）23 天的垃圾产量相当于一座环球金融中心

▶ 图 1.2　快速增长的生活垃圾产量概念类比

我们生活的城市、农村已经或正在慢慢被生活垃圾包围，生活垃圾占用土地，污染环境的状况越来越严重，对人们健康的影响也越加明显。如果我们还不清醒地认识这一点，还不采取一些行动，那我们将会行走在垃圾铺成的道路上，生活在遍地都是垃圾的环境中，甚至我们将无立足之地(见图1.3)。

▶ 图1.3　垃圾无处不在

1.2 生活垃圾的危害

生活垃圾种类繁多、成分复杂，且一些有毒物质一旦排放到自然环境中，将会滞留很长时间，因此生活垃圾如果得不到科学、合理的处理、处置，势必会给我们生存的环境带来严重的危害，主要表现在侵占大量土地、污染土壤、污染地表水和地下水、污染大气等几个方面。

（1）污染土壤

城市生活垃圾和其他固体废弃物长期露天堆放，其有害成分在地表径流和雨水的淋溶、渗透作用下通过土壤孔隙向四周和纵深的土壤迁移。在迁移过程中，有害成分要经受土壤的吸附和其他作用，加上土壤的吸附能力强、吸附容量大，随着渗出液的迁移，使有害成分在土壤固相中呈现不同程度的积累，导致土壤成分和结构的改变，进而对土壤中生长的植物产生污染，污染严重的土地甚至无法耕种。见图 1.4。

▶ 图 1.4　污染土壤，寸草不生

（2）污染水体

如果将城市生活垃圾和其他固体废物直接排入河流、湖泊等地，或是露天堆放的废物经雨水冲刷被地表径流携带进入水体，或是飘在空中的细小颗粒通过降雨及重力沉降进入地表水体，水体都可溶解出有害成分，其可污染水质、毒害生物。有些简易垃圾填埋场，经雨水的淋滤作用，或废物生化降解产生的渗滤液含有高浓度悬浮固态物和各种有机与无机成分，如果这种渗滤液进入地下水或浅蓄水层，将导致严重的水源污染，而且很难进行治理。如排入海洋的大量塑料垃圾，如果得不到及时处理，带来的环境污染将不可想象。见图 1.5。

▶ 图 1.5　大量的海洋塑料垃圾

（3）污染大气

城市生活垃圾和其他固体废物在运输、处理过程中如缺乏相应的防护和净化措施，将会造成细末和粉尘随风扬散，堆放和填埋的废物以及渗入土壤的废物，经过挥发和化学反应释放出有害气体，都会严重污染大气并使大气质量下降。例如，生活垃圾填埋后，其中的有机成分在地下厌氧的环境下，将会分解产生二氧化碳、甲烷等气体进入大气中，如果任其聚集会引发火灾或产生爆炸的危险。而生活垃圾焚烧过程中，则会排放出颗粒物、酸性气体、未燃尽的废物、重金属与微量有机化合物等，不经处置进入大气则危害更大。见图 1.6。

▶ 图1.6 韩国填埋场焚烧垃圾造成严重的空气污染

1.3 生活垃圾的分类

你知道吗，我们每天都在产生各种各样的垃圾，它们成分复杂，形态万千，数量庞大。它们会因我们生存的自然环境、气候条件、生活习惯、地理位置等因素的变化而发生改变。它们是放错了地方的资源，下面就让我们来一一认识它们吧。

（1）生活垃圾分类方法和标准

在城市生活垃圾的大家族中，成员相当繁多，为了更好地分辨、了解它们，我们可以根据不同的分类标准和方法对其进行分类。

1）根据城市生活垃圾的来源分类

根据城市生活垃圾产生源的不同，我国将城市生活垃圾主要分为居民生活垃圾、街道保洁垃圾和公共机构及企业垃圾三大类。

居民生活垃圾为居民生活产生的废弃物（见图 1.7），主要由有机易腐垃圾、煤灰、泥沙、塑料、纸类等组成。它在城市生活垃圾中不仅数量占居首位，而且成分最为复杂，同时其成分构成易受时间和季节影响，变化大且不均匀。

▶ 图 1.7　小区垃圾

街道保洁垃圾主要来自清扫马路、街道和小巷路面，其成分与居民生活垃圾相似，但是泥沙、枯枝落叶和商品包装物较多，易腐有机物较少，平均含水量较低。见图 1.8。

▶ 图 1.8　街道垃圾

公共机构及企业垃圾则是指党政机关、科研院所、学校等事业单位，协会、联合会等社团组织，车站、机场、码头、体育场馆等公共场所管理单位，以及宾馆、饭店、超市、农贸市场、商铺、商用写字楼等企业在工作和生活过程中产生的废弃物，其成分随产生源不同而发生变化。这类垃圾与居民生活垃圾相比，往往成分较为单一，平均含水量较低，易燃物较多。见图 1.9、图 1.10。

▶ 图 1.9　农贸市场产生的垃圾

▶ 图 1.10　地铁站产生的垃圾

2）根据城市生活垃圾的性质分类

可以根据生活垃圾的化学组分、热值、物理特性等指标进行分类。例如按热值可分为高热值垃圾和低热值垃圾，按化学组分可分为有机垃圾和无机垃圾，按生物特性可以分为可腐烂和不可腐烂垃圾，按物理特性可分为干垃圾和湿垃圾。

3）根据城市生活垃圾的价值分类

城市生活垃圾中很多种类是可以回收利用的，具备一定再利用价值，因此我们也可以按照垃圾的再利用价值把垃圾分为可回收物和不可回收物。其中，可回收物根据价值的大小还可继续分为一般可回收物和低价值可回收物，如《上海市可回收物回收指导目录（2019版）》中明确指出了两类可回收物的常见实物情况，具体如表1.1、表1.2所列。

表1.1 一般可回收物常见实物明细

品类	常见实物
废纸张	纸板箱、报纸、废弃书本、快递纸袋、打印纸、信封、广告单等
废塑料	食用油桶、塑料碗（盆）、塑料盒子（食品保鲜盒、收纳盒）、塑料衣架、施工安全帽、PE塑料、PVC、亚克力板、塑料卡片、蜜胺餐具、KT板等
废玻璃制品	平板玻璃（如窗玻璃）等
废金属	金属瓶罐（易拉罐、食品罐/桶）、金属厨具（菜刀、锅）、金属工具（刀片、指甲剪、螺丝刀）、金属制品（铁钉、铁皮、铝箔）等
废织物	棉被、包、皮带、丝绸制品等
复合材料类及其他	电路板（主板、内存条）、充电宝、电线、插头、手机、电话机、电饭煲、U盘、遥控器、照相机等

表1.2 低价值可回收物常见实物明细

品类	常见实物
废纸张	纸塑铝塑复合包装（利乐包）、食品外包装盒、购物袋、皮鞋盒等

续表

品类	常见实物
废塑料	塑料包装盒、泡沫塑料、塑料玩具（塑料积木、塑料模型）等
废玻璃制品	碎玻璃、食品及日用品玻璃瓶罐（调料瓶、酒瓶、化妆品瓶）、玻璃杯、玻璃制品（放大镜、玻璃摆件）等
废织物	衣物（外穿）、裤子（外穿）、床上用品（床单、枕头）、鞋、毛绒玩具（布偶）等
废木类	小型木制品（积木、砧板）等

（2）生活垃圾分类的好处

随着生态文明进入我国五年规划，我国越来越重视环境保护，而如何解决城市最重要的一类污染源——生活垃圾成为城市环保的难点和痛点。垃圾分类作为一项有效的措施，必将发挥其应有的作用。其具体好处如下。

1）节省土地资源

我国目前垃圾的处理方式主要是填埋和焚烧。其中由于填埋处理方法相对简单、投资成本低，在我国的垃圾无害化处理份额中占比比较大。但是随着城镇化的快速推进，城市垃圾产生量与日俱增，很多地方的垃圾填埋场使用年限大幅缩短，临近封场，不得不再次选择场地进行填埋或焚烧，如此反复，势必占用大量土地资源，而我们每天产生的垃圾中包含了各种可回收利用的物料，如果前期加以分类，回收利用，不仅从源头起到了垃圾减量的效果，还可节约资源，节省土地。

2）减少环境污染

生活垃圾成分复杂，有的含有有毒有害物质，一旦进入填埋场或随意丢弃后，势必会使有毒有害物质进入水体、土壤、空气，最终影响到人们的身体健康。通过垃圾分类，我们可以从源头将其分离出来，并采用单独的收运和处置系统进行无害化处理，最大程度减少对环境的污染。见图 1.11。

▶ 图 1.11　垃圾分一分，环境美十分

3）再生资源的利用

垃圾的产生是源于人们没有利用好资源，将自己不用的资源当成垃圾抛弃，这种浪费资源的方式造成的损失对于整个生态系统都是不可估计的，垃圾一旦通过填埋或者焚烧的方式处理，想要重新利用就极为困难。在处理垃圾之前，通过垃圾分类回收有用资源，就可以将垃圾变废为宝，如回收纸张能够保护森林，减少森林资源的浪费；回收果皮蔬菜等生物垃圾，可以制作绿色肥料，让土地更加肥沃。

4）提高民众价值观念

垃圾分类是避免垃圾污染的最佳解决方法和最佳的出路。进行垃圾分类已经成为一个国家绿色发展的必经之路。垃圾分类能够使民众学会节约资源、利用资源，养成良好的生活习惯，提高个人素质素养。一个人能够养成良好的垃圾分类习惯，那么他也就会关注环境保护问题，在生活中注意资源的珍贵，养成节约资源的习惯。

1.3.1 餐厨垃圾

一般而言，餐厨垃圾即我们所说餐饮垃圾，它是指宾馆、饭店、餐馆和机关、部队、院校、企事业单位在食品加工、饮食服务、单位供餐等活动过程中产生的食物残渣、残液和废气油脂等废弃物。如图 1.12 所示。

▶ 图 1.12　大量的餐厨垃圾

而广义上，餐厨垃圾还包含我们日常生活中产生的厨余垃圾，它是指家庭、个人产生的易腐性垃圾，包括剩菜、剩饭、菜叶、果皮、蛋壳、茶渣、药渣、汤渣、骨头、废弃食物以及厨房下脚料等。如图 1.13 所示。

▶ 图 1.13　小区厨余垃圾

餐厨垃圾的成分主要为淀粉、纤维素、蛋白质、脂类和无机盐等，其具有含水率高、易腐败等特点，是一种典型的垃圾类型，进行分类单独处理有利于提高垃圾的综合利用效率，且在一定程度上可以使其成为另一种资源。

根据智研咨询发布的《2018—2024年中国生活垃圾处理市场深度分析与投资战略研究报告》相关数据显示，2015年我国餐厨垃圾产生量达9500万吨，其中主要城市餐厨垃圾产生量达6000万吨，上海、北京、重庆、广州等餐饮业发达城市问题尤为严重，餐厨垃圾日产生量达到2000吨以上。而随着人们生活水平的不断提高，厨余垃圾的产生量也在持续增加，目前世界各国绝大部分城市垃圾中厨余垃圾的比例已经占到了30% ~ 50%。

1.3.2 可回收物

（1）废纸类

废纸类主要来源于购物、阅读、办公等日常生活中所产生的各种旧报纸、纸箱、纸张、书本、纸袋等（见图1.14），其中大部分的废纸可进行再生处理或循环利用，是一种宝贵的再生资源，目前我国废纸在生活垃圾中的比重达到10%左右。

▶ 图1.14　大量的废纸

纸张的原料主要为木材、草、芦苇、竹等植物纤维，因此废纸又被称为“二次纤维”；同时，由于废纸回用、再生新纸或纸板，既可以节约资源、能源，一定程度上还减少了环境污染，其已成为最重要的造纸原料，是最主要的资源化途径之一。据报道，每回收 1 吨废纸可造好纸 850 千克，节省木材 300 千克，少砍 17 棵树，比生产等量好纸减少污染 74%；每生产 1 吨再生高档文化纸，可节约净水 100 立方米，节约电 600 千瓦时，减少工业废气排放大约 68 立方米，且可节省大量用于处理废渣的资金。此外，再生纸生产使用的化学药剂量比原生纸少，对河流的污染也要比原生纸小得多。可见，废纸再生与利用对减少污染、改善环境、节约能源及木材、保护森林资源等方面是非常有益的。见图 1.15。

图 1.15　荒漠变绿洲

（2）废塑料

塑料制品无处不在，据报道全球生产的塑料已从 1964 年的 1500 万吨激增至 2014 年的 3.11 亿吨，且随着需求的增长 20 年后其数量将会增长至目前的 2 倍。塑料制品的大量使用必然产生大量的废塑料（见图 1.16），如果得不到合理的回收利用势必对环境造成严重污染。

▶ 图 1.16　大量的各类废塑料

据联合国统计，全球海洋中大约有 51 万亿个塑料微粒，其量是银河系中恒星数量的 500 倍（目前被广泛认同的恒星数量为 1500 亿左右），且每年有超过 800 万吨的塑料被倒入海洋，其中 50% 的塑料仅被使用过一次。预计到 2050 年，全世界海洋中的塑料总重量将超过鱼类重量总和，大海里塑料垃圾将比鱼还要多。而废弃的塑料完全自然降解时间长达百年之久，如果得不到合理的处置，势必给我们生存的环境带来巨大的灾害。据相关报道，塑料已经“入侵”了一半的海龟和几乎所有的海洋鸟类的身体，如图 1.17 所示。

废塑料如处理得当是一种很好的再生资源，据报道每回收 1 吨废塑料可以回炼 600 千克无铅汽油和柴油，也可以制造 800 千克塑料粒子，节电 5000 千瓦时。

▶ 图 1.17 误食塑料垃圾死亡的海鸟（宣传画）

（3）废金属

废金属是指冶金工业、金属加工工业丢弃的金属碎片、碎屑，以及设备更新报废的金属器物等，还包括城市垃圾中回收的金属包装容器和废车辆等金属物件，占生活垃圾的 1% ~ 3%。废金属也是一种资源，世界各国均有专门单位经营回收利用废金属，回收的废金属主要用于回炉冶炼转变为再生金属，部分用来生产机器设备或部件、工具和民用器具（图 1.18）。

▶ 图 1.18 回收站的各种废金属

据报道，回收一个废弃的铝质易拉罐要比制造一个新易拉罐节省约 20% 的资金，同时还可节约 90% 的能源；回收 1 吨废钢铁可炼得好钢 0.9 吨，与用矿石冶炼相比，可节约成本约 47%，同时还可减少空气污染、水污染和固体废弃物。由此可见，树立可持续发展的观念、加强垃圾的分类处理、回收并循环利用废旧金属有着巨大的经济效益和社会效益。

（4）废玻璃

随着科学技术的迅速发展和人们生活水平的日益提高，玻璃不但广泛应用于房屋建筑和人们的日常生活之中，而且已发展成为科研生产以及尖端技术所不可缺少的新材料，与此同时也不可避免地产生了许多玻璃废弃物。

废玻璃根据其来源可分成日用废玻璃和工业废玻璃。日用废玻璃主要是人们日常生活中丢弃的玻璃包装瓶、罐及打碎的玻璃碎片等。工业废玻璃主要是生产过程产生的边角料、工业废渣等，如玻璃废丝是玻璃纤维工业生产过程中必然产生的一种工业废渣，产生量一般占玻璃纤维产量的 15% 左右（见图 1.19）。

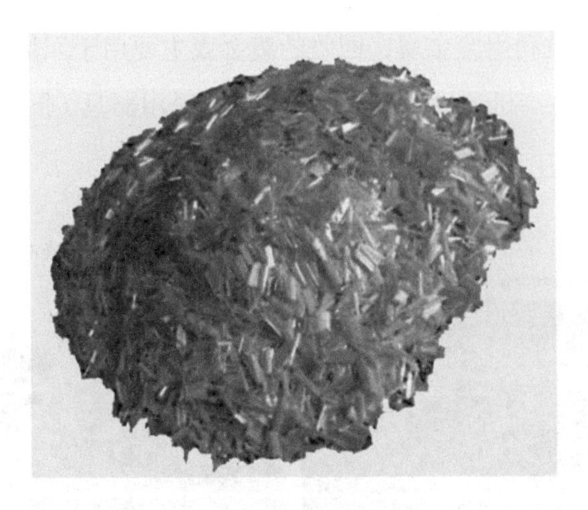

▶ 图 1.19　玻璃废丝

2011 年我国城市生活垃圾量达到了 3.87 亿吨，其中废玻璃占比在 6% ~ 8%，年产生量达到 2700 万吨以上，再加上玻璃生产厂的 800 万 ~ 900

万吨的生产废料，和工厂废料，废玻璃的总回收利用率仅在33%左右。2019年我国废玻璃产生量高达5600万吨，回收量仅为41.07%。

回收的废玻璃经分类、清洗、挑选后可直接重新应用，如啤酒瓶的回收再利用（图1.20）。据报道，每回收1吨废玻璃可节约100千克燃料，一个玻璃瓶被重新利用所节省的能量，可使灯泡亮4小时。如果使用再生的玻璃粒生产玻璃瓶罐，每吨可节约682千克石英砂、216千克纯碱、214千克石灰石、53千克长石粉、1000千克标准煤和400多千瓦时的电能，折合降低成本980元，而且对于平板玻璃生产企业而言，如果使用大量碎玻璃，熔炉的寿命将延长15% ~ 20%。

▶ 图1.20　废玻璃瓶

废玻璃的循环再利用不但可为环保部门节省处置成本，节省土地，还能够减少对环境的污染。权威机构称，每回收1吨废玻璃，可以生产2万个容量为1升的玻璃瓶；与利用石英砂作为原料的玻璃瓶相比，可以节约50%的水，减少20%的空气污染。废玻璃的处理与综合利用工作具有很大的经济效益、环境效益和社会效益。

（5）废旧织物

随着生活消费水平的不断提高，衣服已“进阶”为快消品，人们购买衣服的频次和数量不断增加，衣服的丢弃淘汰也成了一大难题。而纺织工业碳排放量占世界总排放量的比例已达10%，是世界上污染最严重的第二大产业。在我国，大部分人都选择将废旧衣物当垃圾处理，据相关报道，每年我国在生产和消费环节产生2600万吨左右的废旧织物（图1.21），而回收再利用率不到1%。一件200克的T恤，在生产过程中会消耗12.8千克资源；一条牛仔裤，在生产过程中可能会消耗3480升的水；而废旧纺织品的褪色处理及化学再生处理都会对环境产生严重负面影响。同时，废弃的衣服可能需要10年以上的分解时间，如果全部丢弃就会造成很大的浪费以及环境污染。

▶ 图1.21　回收的废旧织物

国际回收局（BIR）此前曾估算，每合理利用1千克废旧纺织物，可以降低3.6千克二氧化碳排放，节约水6000升，减少使用0.3千克的化肥和0.2千克的农药。而废旧衣物作为垃圾废弃后，如果被焚烧，在消耗煤炭、电力等能源的同时会产生二氧化碳、燃烧后的灰烬等大量污染物；如以填埋的形式被粗暴处理，不仅占用土地，所产生的有害物质还会污染水土。

1.3.3 有害垃圾

有害垃圾主要指废电池、废灯管、废药品、废涂料及其容器等对人体健康或者自然环境造成直接或间接危害的生活废弃物，如图1.22所示。

▶ 图1.22　日常生活中常见的有害垃圾

有害垃圾的危害不容小觑。就废灯管来说，现行工艺制作的节能灯中大都含有化学元素汞，一只普通节能灯约含有0.5毫克汞，如果1毫克汞渗入地下会造成360吨的水污染。汞也会以蒸气的形式进入大气，一旦空气中的汞含量超标，会对人体造成危害，而长期接触过量汞可造成中毒。

再者，有害垃圾中的过期药品，大多数容易分解、蒸发、散发出有毒气体，造成室内环境污染，严重时还会对人体呼吸道产生危害。如我们常说的水体抗生素超标、更多耐药菌的出现也与过期药品的不当处理有关。

1.3.4 其他垃圾

其他垃圾是指除可回收物、有害垃圾、餐厨垃圾以外的其他生活废弃物，它在生活垃圾中所占的比例在5%左右。且由于我国地域广阔，人们生活习惯、地区经济发展各有不同，导致各地在实施生活垃圾分类的过程中会因地制宜，在国家分类实施标准的基础上进行适当的调整，如目前稳步推进生活垃圾分类的上海，则把生活垃圾分为可回收物、有害垃圾、湿垃圾和干垃圾，而其中的干垃圾一般可以理解为我们常说的其他垃圾，主要有餐巾纸、卫生纸、烟蒂、纸尿裤、灰土等，见图 1.23。

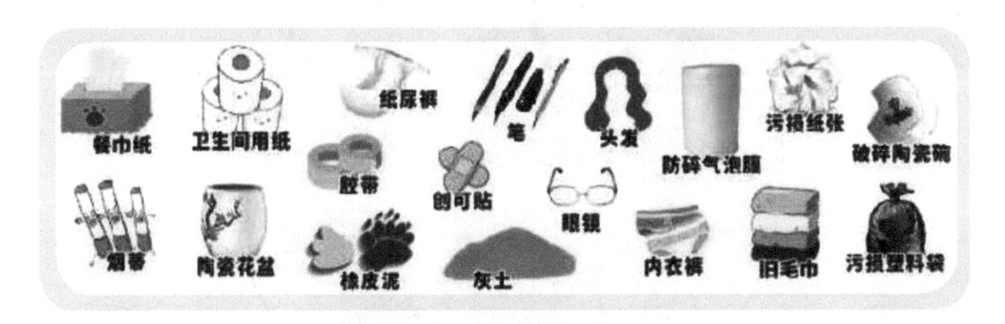

▶ 图 1.23　日常生活中常见的其他垃圾

1.3.5 大件垃圾

大件垃圾是指体积较大、整体性强，需要拆分再处理的废弃物品，主要包含沙发、床垫、床、桌椅、衣柜等，如图 1.24 所示。由于各种物品的生产制作工艺及选材用材均不相同，大件垃圾成分复杂，其成分以木材、金属、织物、塑料、海绵、玻璃等为主，因此，大件垃圾应与其他生活垃圾分开储存并分类收运。

▶ 图 1.24 随意丢弃的大件垃圾

相比普通生活垃圾，大件垃圾的体积和重量都较大，衣柜、沙发等较大物品难以一人搬运，且家具等大件垃圾较为坚固、整体性强，在一般情况下难以改变其形状，更不便于压缩。同时，大件垃圾以木制品居多，属于易燃物品，堆积较多会形成火灾隐患。大件垃圾使用状况不明，可能带有潜在疫病传播风险，长期堆积会滋生蚊蝇等。大件垃圾含有涂料等多种化学品，遭受日晒雨淋后会浸出有毒有害物质，污染土壤水体等。一般情况下，大件垃圾交由环卫部门后，经专业的拆解企业进行拆解，对可循环利用的部分进行回收再利用，对含有的重金属和有毒物质等进行无害化处理。

1.3.6 装修垃圾

装修垃圾是指单位或个人在房屋装修过程中产生的各种垃圾，包括切割剩下的废砖、贴砖时的水泥砂浆及废料和木工做完剩下的废板材等(图 1.25)。装修垃圾具有较为稳定的化学性质和物理性质，运用合理的处理工艺和技术可以对其进行分拣分类和再生利用，从而减少垃圾的二次污染。

▶ 图1.25 装修垃圾

装修垃圾成分相比纯建筑垃圾更为复杂，其垃圾成分中掺杂有大量大件垃圾、棉纺织物、生活垃圾等较为难处理成分，加大了装修垃圾的处理难度。在垃圾前段处理过程中，对其进行分拣分类显得尤为重要，装修垃圾的分拣效果直接对后续的中段处理以及末端的资源化处理产生影响。装修垃圾中大约有 20% 的石膏板及粉尘等；20% 的木材及木质纤维类物质；30% 的包装材料，如塑料布、袋、瓶、纸箱、纸、编织物等；25% 的散落抹灰物、瓷片、碎玻璃、碎石料等；剩下的大约有 5% 的金属类垃圾。见图 1.26。

随着城市化进程的不断加快，城市中装修垃圾的产生和排出数量也在快速增长，人们在享受城市文明的同时也在遭受城市垃圾所带来的烦恼，其中装修垃圾就占有相当大的比例。据前瞻产业研究院发布的《中国建筑垃圾处理行业发展前景与投资战略规划分析报告》统计数据显示，近几年，我国每年建筑垃圾的排放总量在 15.5 亿 ~ 24 亿吨之间，占城市垃圾的比例约为 40%，其不仅严重影响市容环境、侵占土地，还造成土壤、大气和水体污染。

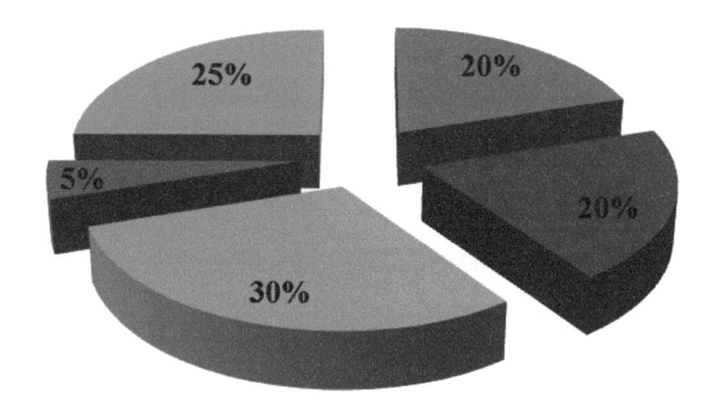

▶ 图1.26 装修垃圾的组分

长期以来，因缺乏统一完善的建筑垃圾管理办法，缺乏科学有效、经济可行的处置技术，建筑垃圾绝大部分未经任何处理（图1.27），便被运往市郊露天堆放或简易填埋，存量建筑垃圾已达到200多亿吨。据统计，2019年我国产生的建筑垃圾约为35亿吨。

▶ 图1.27 随意堆放的建筑垃圾

跟大件垃圾一样，装饰装修垃圾应遵循产生源减量，收集过程中的分类，直接回用与物质回收，加工综合利用与能量回收，最终与环境相容的处置原则。在收运处置过程中应做到统一管理、统一收集、统一清运、统一处置。装修垃圾产生单位和个人应当将装修垃圾投放至装修垃圾投放管理责任人设置的或者由乡（镇）人民政府、街道办事处指定的装修垃圾堆放场所，并遵守下列具体投放要求：

① 分别收集装修垃圾和生活垃圾，不得混同；

② 将装修垃圾进行袋装；

③ 装修垃圾中的有害废弃物另行投放至有害垃圾收集容器。

装修垃圾投放管理责任人应当将其管理范围内产生的装修垃圾交由符合规定的市容环境卫生作业服务单位进行清运，并明确清运时间、频次、费用及支付结算方式等事项。

1.3.7 电子废弃物

电子废弃物（Electronic Wastes）俗称“电子垃圾”，是指被废弃不再使用的电器或电子设备，主要包括电冰箱、空调、洗衣机、电视机等家用电器和计算机等通信电子产品等淘汰的电子设备。见图 1.28。

图 1.28　大量的电子废弃物

电子废弃物种类繁多，大致可分为两类：一类是所含材料比较简单、对环境危害较轻的废旧电子产品，如电冰箱、洗衣机、空调机等家用电器以及医疗、科研电器等，这类产品的拆解和处理相对比较简单；另一类是所含材料比较复杂、对环境危害比较大的废旧电子产品，如电脑、电视机和手机等。其中电脑元件中含有砷和汞，电视机显像管内含有铅，手机原材料中含有砷、镉、铅等重金属，这些具有生物累积性的有毒有害物质最终会通过食物链进入人体从而威胁人体健康。

根据《中国统计年鉴》的居民百户拥有量测算，2017 年我国居民彩色电视机保有量为 5.4 亿台，电冰箱 4.3 亿台，洗衣机 4.1 亿台，房间空调器 3.9 亿台，微型计算机 2.5 亿台，手机 11.1 亿台，吸排油烟机 2.2 亿台，热水器 3.7 亿台。而由市场 A 模型（部分产品选用韦伯分布）所测得的《废弃电器电子产品处理目录（2014 年版）》中显示 2017 年的首批目录产品理论报废量达 1 亿台，包括电视机 3216 万台、电冰箱 2439 万台、洗衣机 1620 万台、房间空调器 2723 万台，见图 1.29。

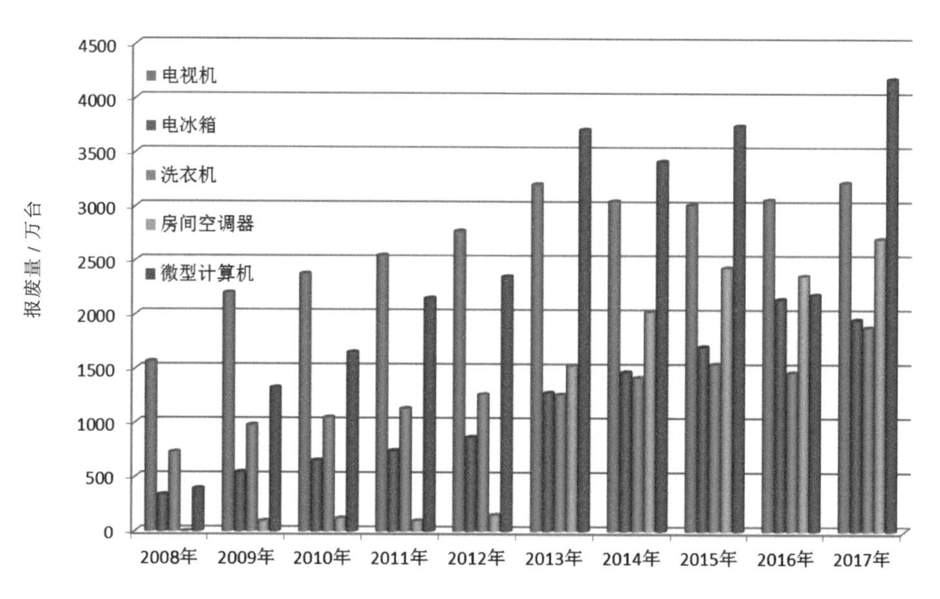

图 1.29　近年我国电子废弃物报废情况

电子废弃物中含有金属，尤其是贵金属，其品位是天然矿藏的几十倍甚至几百倍，回收成本一般低于开采自然矿床的成本。有研究分析结果显示，1 吨随意搜集的电子板卡中，可以分离出 143 千克铜、0.5 千克黄金、40.8 千克铁、29.5 千克铅、2.0 千克锡、18.1 千克镍、10.0 千克锑。如此巨大的宝贵资源，如果仅仅作为废弃物送去填埋、焚烧或随意丢弃了，不仅造成资源浪费，而且还会对我们生存的环境造成极大的污染。如图 1.30 所示。

▶ 图 1.30　电子垃圾毒害

电子废弃物成分复杂，其对环境的污染也是多方面的，废旧家电和电脑中甚至含有 700 多种原料、几十种金属和有机物。如 CRT 显示器的显像管内含有大量的铅和钡，LCD 显示器则含有铟，铅会破坏人的消化、血液、生殖系统，它还有强烈的致畸作用。铟会损伤人体的肺器官，还具有致癌作用。废线路板中含有铜、锡、镉、汞、砷、铬等重金属，而且还含有多氯联苯，如果发生燃烧，将会产生二噁英等致癌、致畸等物质。废电池和开关中含有铬化物和汞，铬化物会透过皮肤，经细胞渗透，少量便会使人严重过敏，更可能引发哮喘、破坏DNA。汞化物具有明显的神经毒性，对人体的内分泌系统、免疫系统等均有不良的影响。

第2章

餐厨垃圾资源化利用

2.1 国内外餐厨垃圾处理概况

2.1.1 美国餐厨垃圾处理

美国餐厨垃圾数量庞大，据 2011 年美国《城市固体废弃物统计报告》，美国餐厨垃圾占城市垃圾总量的 21.3%（见图 2.1），年产生量约 3630 万吨，而循环利用率仅有 3.9%，美国也因此每年需要花费近 10 亿美元来处理餐厨垃圾。

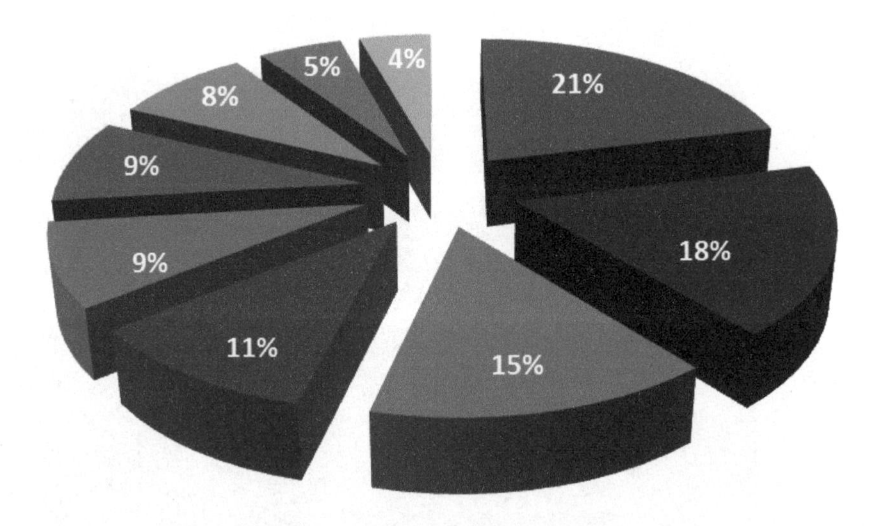

▶ 图 2.1　美国城市生活垃圾的构成

为了缓解餐厨垃圾带来的财政负担和环境问题，美国踏上了餐厨垃圾减量和循环利用征程。美国负责餐厨垃圾管理的政府部门有美国环境保护署（US EPA）和美国农业部（USDA），且在美国环境保护署网站中餐厨垃圾不被列入垃圾管理一列，而是直接归入资源保护。美国餐厨垃圾处理体系呈现等级化，处理方法的优先次序为：源头减量→食物捐赠→饲养动物→工业利用→堆肥→焚烧或填埋，见图 2.2。

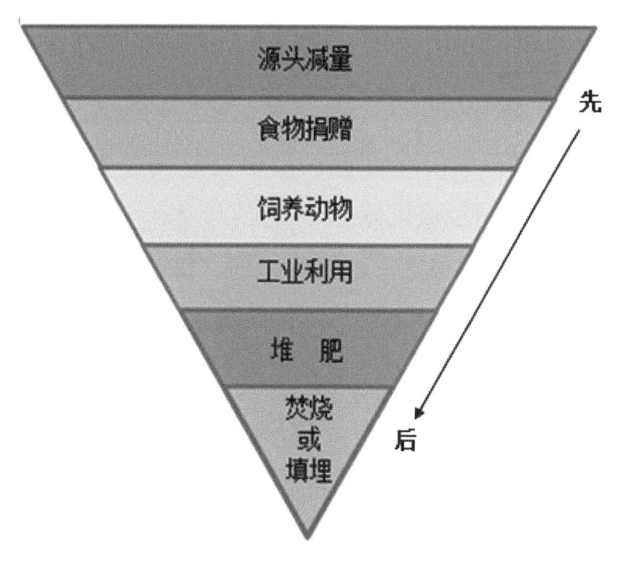

▶ 图 2.2 美国餐厨垃圾处理方法的优先级

美国要求餐厨垃圾产生量较大的单位应配置餐厨垃圾粉碎机和油脂分离装置，分离出的油脂送往相关加工厂（如制皂厂）加以利用，其他垃圾排入下水道。而在美国，居民产生的厨余垃圾量相对较少，一般混入有机垃圾中统一进行处理或通过厨余垃圾处理机粉碎后排入下水道，其中，厨余垃圾粉碎机早在 20 世纪 40 年代就开始使用，目前这款设备美国家庭使用率达到 90% 以上。

美国未来对餐厨垃圾处理的趋势是采用堆肥工艺制成肥料或加工成动物饲料进行资源化回收利用。同时，美国各州关于餐厨垃圾处理的政策和方式略有不同，很多州针对当地具体情况，建立了自己的餐厨垃圾处理回收体系，不同州针对餐厨垃圾肥料化产品的品质规定有各自的标准体系。

2.1.2 德国餐厨垃圾处理

（1）餐厨垃圾

德国的餐厨垃圾经收集、运输到最后的资源化利用，已经形成了一条循环经济产业链。目前，德国有上百家垃圾处理公司，不同的公司负责不同地区垃圾的收集处理。

在德国，企业餐厨垃圾的干物质含量一般为15% ~ 25%，有机物含量为85% ~ 94%，通常由专门的运输车送到处理厂后，进行机械预处理和生物处理，图2.3为一餐厨垃圾机械生物处理厂，其一般对餐厨垃圾消毒后使用湿式厌氧发酵或联合发酵的方法进行处理，每吨干物质日产甲烷量可达450~900立方米。德国市场上有很多不同的厌氧发酵产沼气装置，技术和管理也非常成熟。分解产生的沼气净化后并入天然气管道，用作车用燃气或用于发电等；发酵产物脱水干燥后，产生的沼液部分回流，其余部分进行处理，达标后排放或用作周边农田的液体肥料，剩余的沼渣则进行好氧堆肥稳定化，做成肥料或营养土。沼液和沼渣大多集中运输到专业的公司进行后续处理和销售，但其中每个环节（运输、处理、加工和销售）都有非常具体的法律规定和有效的监督体系。

▶ 图2.3　餐厨垃圾机械生物处理厂

在德国，餐厨垃圾加工制成的肥料需定期进行质量检测，检测内容包括肥料的来源、物理和生物特性、盐含量以及重金属含量，保证其品质满足《生物废弃物条例》和《肥料施放规定》的要求。检测通过后产品才可获得质量认证标签（见图2.4），之后才可获得投放市场销售的许可。据统计，2016年德国由餐厨垃圾制成的肥料约有450万吨，其中2/3用于农业，其余用于家庭花园和制成泥炭土等。

▶ 图2.4　德国质量认证标签

（2）厨余垃圾

德国自20世纪90年代初开始重视垃圾分类和资源化利用，经过多年的政策引导和技术开发，在垃圾焚烧产能回收和可回收资源利用方面都取得了长足进步。最近十几年来尤其重视家庭有机废弃物，也就是我们提倡的家庭厨余和园林垃圾的源头分类。目前，全德国范围内已经实现50%左右的分类率，部分城市甚至达到70%～80%的厨余分类率，这其中就包括哥廷根市，它是德国最早开始厨余垃圾分类的城市，其垃圾分类主要依靠居民的配合，在生活垃圾的产生源头（即居民家中）进行分类，居民在专业人员的指导下根据不同成分垃圾的利用及处理途径，对其进行科学分类收集。

在德国，家庭的厨余垃圾和花园垃圾（被称为生物垃圾）一般由棕色的生物垃圾桶盛装，再由公共垃圾处理运营商负责收集和处置；在少数区域，生物垃圾被装入黑色的剩余混合垃圾桶。2014 年全德单独收集的家庭生物垃圾量约为 730 万吨，另外约有 480 万吨生物垃圾和剩余混合垃圾一起进行处理，剩余部分由居民在花园里自行处理。2015 年起，根据德国的《资源回收再利用法》，家庭生物垃圾必须单独收集处理，居民按垃圾桶容积和清运频率缴纳垃圾处理费，实施过程中，政府为鼓励居民将有机质垃圾分开投放，生物垃圾收费标准比剩余混合垃圾低。

厨余资源化利用方面，德国以堆肥和各种厌氧消化技术为主，其中厨余堆肥经过近三十年的发展，目前已建成将近 1000 个堆肥厂（见图 2.5），规模最大的全机械式好氧堆肥厂日处理量达 800 吨。德国联邦堆肥质量协会发布的《Activity Report 2019》称，目前德国 53% 的堆肥厂只处理园林垃圾，另外 47% 的堆肥厂将单独收集的家庭有机废弃物（通常含有生物蛋白）与园林垃圾混合用于堆肥。两种原料堆出来的成熟肥质量都能达到德国有机肥标准，而厨余混合园林垃圾的堆肥因氮含量高，肥质更好。同时，德国政府为提倡、鼓励家庭开展厨余堆肥，免收居民厨余收运费。目前，德国有近 100 多万个家庭在自行堆肥。

图 2.5　堆肥厂及堆制的有机肥

2.1.3 日本餐厨垃圾处理

在日本，食品制作、流通和消费过程中产生的所有餐厨垃圾都需要回收利用。由于餐厨垃圾的收集、运输费用很高，餐厨垃圾处理机得到了推广和应用。

为了减少餐厨垃圾对环境的污染，并充分利用其中的资源，日本于2000年颁布了《餐厨废物再生法》，该法律规定餐厨加工业、饮食业和流通企业有义务减少餐厨废物的排出量，且根据再生利用对象饲料和肥料制定了质量标准。《餐厨废物再生法》中规定了餐厨垃圾再资源化利用时的优先次序：抑制产生→再资源化利用（肥料 > 饲料 > 油脂等产品 > 沼气）→减量，如图2.6所示。此外，在2001年日本政府还颁布了《食品回收利用法》，规定日本回收公司应收集食品垃圾，将它们做成肥料和饲料，卖给相应的农业、渔业和林业公司。

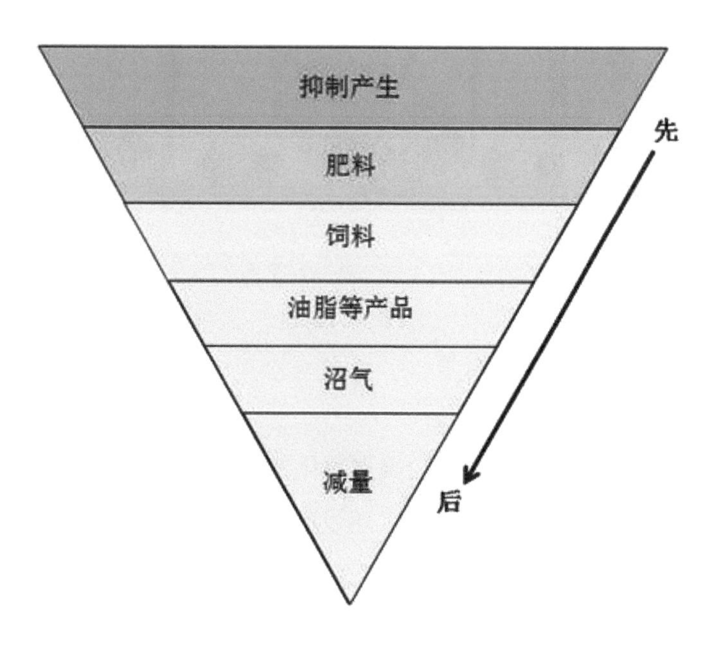

▶ 图2.6 日本餐厨垃圾处理方法的优先级

根据日本现有的垃圾分类规则，日本家庭产生的厨余垃圾被分到可燃垃圾一类，与其他可燃垃圾一起送入垃圾焚烧厂进行焚烧处理，产生的热量将用于发电。同时，部分日本新式住户也会在家里厨房水槽下方配置厨余垃圾处理器，将被塞入的厨余垃圾粉碎后直接排入下水管路中；部分居民安装有生物处理器，将厨余垃圾打碎后利用热空气烘干制成粉末，减容量可达到85%，然后将这些粉末经过简单的发酵，作为家里花草的肥料。该方法是日本家庭的最佳环保选择，如图 2.7 所示。

▶ 图 2.7　家用厨余垃圾生物处理器及其减量效果

2.1.4 中国餐厨垃圾处理

相比发达国家，我国在餐厨垃圾资源化方面起步较晚，自 2010 年开始，国家发展和改革委员会、住房和城乡建设部、环境保护部（现生态环境部）、农业部（现农业农村部）才组织开展了城市餐厨废物资源化利用和无害化处理试点工作。“十二五”期间，成立了 100 个餐厨垃圾试点城市，覆盖了 32 个省级行政区并覆盖一、二、三线城市。截至 2015 年年末，全国已投运、在建、筹建（已立项）的餐厨垃圾处理设施（50 吨 / 天以上）至少有 118 座，总计处理能力超过 2.15 万吨 / 天，其中投入运行的餐厨垃圾处理设施有 43 座。

我国餐厨垃圾资源化技术主要有厌氧发酵、堆肥和饲料化三种，通过这些技术，可以把废弃的餐厨垃圾转化为沼气、有机肥和饲料，从而实现其资源化、无害化和减量化。根据对 118 座已确定技术路线的餐厨垃圾处理设施（50 吨 / 天以上）中的 111 座进行统计分析，发现采用厌氧发酵技术的有 80 座，处理能力为 1.60 万吨 / 天，占总处理能力的 76.2%；采用固体堆肥 + 液体发酵技术的有 4 座，处理能力为 0.07 万吨 / 天，占总处理能力的 3.3%；采用好氧堆肥或快速好氧发酵技术的有 16 座，处理能力为 0.30 万吨 / 天，占总处理能力的 14.1%；采用制饲料或其他技术的有 11 座，处理能力为 0.14 万吨 / 天，占总处理能力的 6.4%。

2.2 餐厨垃圾资源化利用技术

目前餐厨垃圾资源化方法主要有物理法、化学法、生物法等，具体的处理技术有发酵、堆肥、焚烧等方式。

（1）厌氧发酵

餐厨垃圾的厌氧发酵是指在无氧条件下，利用兼性微生物及厌氧微生物的代谢作用将复杂有机物分解为小分子有机物及无机物，在此过程中可产生甲烷和氢气等能源物质；此外，利用厌氧发酵可获得各种有机酸和醇类，如乙醇、乙酸、丁酸、葡萄糖糖化酶、乳酸，从而实现对餐厨垃圾的减容减量及资源化利用。厌氧工艺生产的沼气可转化为电能与燃气，厌氧消化罐中产出的沼渣可以进行二次发酵制肥处理。见图 2.8。

▶ 图 2.8　餐厨垃圾厌氧发酵处理厂

沼气是一种清洁、可再生能源，是由生物质转化形成的一种可燃性气体，主要成分是甲烷和二氧化碳，并含有少量的氧气、氢气、氮气、硫化氢等。与其他可燃气体相比，沼气具有抗爆性良好和燃烧产物清洁等特点。但由于发酵方式（包括发酵条件及发酵阶段）、发酵原料的种类及相对含量不同，各沼气工程所产生的沼气成分会有所差异。一般来说，垃圾场填埋气中甲烷含量较低（35%~65%），氧气含量较高；而厌氧发酵生物气中甲烷含量较高（50%~75%），二氧化碳（25%~45%）和硫化氢含量也较高（$0\sim4000\times10^{-6}$）。沼气中的二氧化碳会降低沼气能量密度和热值，限制沼气的利用范围，硫化氢则会在压缩、储存过程中腐蚀压缩机、气体储存罐和发动机；同时，燃烧后的硫化氢会生成二氧化硫，造成环境污染，影响人类身体健康，水蒸气会与硫化氢、二氧化碳和 NH_3 反应，导致压缩机、气体储罐和发动机的腐蚀。因此，再利用前要去除沼气中的二氧化碳、硫化氢和水蒸气等杂质，将沼气提纯为生物天然气（BNG），生物天然气可压缩用于车用燃料（CNG）、热电联产（CHP）、并入天然气管网、燃料电池以及化工原料等领域。

1）沼气脱硫

沼气脱硫的方法一般可分为干法脱硫、湿法脱硫和生物法脱硫，其中湿法和干法属于传统的化学方法，是目前沼气脱硫的主要手段。但此方法的缺点是污染大、成本高、效率低；生物脱硫是目前国际上新兴的脱硫技术，是利用微生物的代谢作用将沼气中的硫化氢转化为单质硫或硫酸盐，可实现环保和低成本脱硫。

此外，沼气间接脱硫是近年发展起来的一种脱硫新途径，是通过物料的调节、过程控制等方式减少或抑制硫化氢的产生，从而达到源头脱硫的目的。由于厌氧消化物料往往含有大量的有机氮和有机硫，通过脱硫脱硝机理的互补，在厌氧反应器内实现同步脱硫脱硝，实现沼气脱硫的研究方向。但间接脱硫方法目前还处在探索过程中，脱氮脱硫耦联的生物代谢机理还有待进一步研究。

2）沼气脱碳

沼气提纯净化技术经过近十年的发展，已经形成一系列成熟技术。国内目前应用较多的脱碳工艺有吸收变压吸附、物理吸收、化学吸收法、膜分离法、低温深冷法等。

3）沼气脱水

未经处理的沼气通常含有饱和水蒸气。而沼气脱水相对来说比较简单，一般有冷凝法、液体溶剂吸收法和吸附干燥法等。冷凝法又分为节流膨胀冷却脱水法和加压后冷却法。节流膨胀冷却脱水法虽然简单经济，但脱水效果较差，只能将露点降低至 0.5℃。若需要进一步降低露点则需要增压，多数时候两种方法同时使用。

液体溶剂吸收法则是沼气经过吸水性极强的溶液，水分得以分离的过程。用于这类方法的脱水剂有氯化钙、氯化锂及甘醇类（三甘醇、二甘醇等）。

吸附干燥法是指气体通过固体吸附剂时，吸附剂在固体表面力作用下吸收气体中的水分，达到干燥的目的。能用于沼气脱水的有分子筛、活性氧化铝、硅胶以及复合式干燥剂。与溶液脱水比较，固体吸附脱水性能远远超过前者，能获得露点极低的燃气；对温度、压力、流量变化不敏感；设备简单，便于操作；较少出现腐蚀及起泡等现象。在沼气脱水的工程中一般会将冷凝法与吸附干燥法结合使用，先用冷凝法将水部分脱除，再用吸附法进行精脱水。

4）沼气脱氧脱氮

由于我国厌氧发酵控制技术相对不太完善，发酵过程中会有少量空气混入，沼气净化提纯制备车用燃气时，应严格控制沼气中氮氧的含量，否则需要增加额外的脱氮和脱氧设备，不仅增加运行成本，甚至导致某些后续脱硫脱碳工艺过程发生危险。如化学吸收法（胺吸收法）中胺洗涤器会被氧化胺损坏，变压吸附法（PSA）中氧气含量过高，将有可能引发爆炸，造成生产事故。若由沼气生产 CNG 或天然气，根据《天然气》（GB 17820—2018）与《车用压缩天然气》（GB 18047—2017），则需将其中所含氧气含量降至 0.5% 以下。

目前普遍使用的气体净化脱氧剂主要有催化脱氧、吸收脱氧以及碳燃烧脱氧 3 种方式。如在北京安定垃圾填埋场进行的填埋气净化提纯制备天然气的示范工程中，中国石油大学（北京）分别采用催化脱氧技术和碳酸丙烯酯（PC）物理吸收法进行脱氧和脱碳。在同等条件下，PC 对二氧化碳的溶解度是水的 8 倍左右，在国内价格便宜且容易购买。此法适合规模较大、杂质复杂、沼气中含氧的沼气工程。目前来说，现有的净化工艺难以去除氧气和氮气，或去除成本较高，因此氧氮含量的源头控制比后期分离更为重要。

（2）堆肥法

依靠自然界广泛分布的细菌、放线菌、真菌等微生物，在人工控制的条件下，将餐厨垃圾中的水分蒸发掉，将其干燥后磨碎，把餐厨垃圾通过一系列处理工序转变为可供农业生产使用的有机复合肥，防止产生有害气体。

堆肥化处理主要包括好氧堆肥和蚯蚓堆肥。其中每回收 1 吨剩饭剩菜，经过生物处理后可以生产 0.3 吨优质肥料。

好氧堆肥是指在有氧条件下，利用好氧微生物对堆积于地面或者专门发酵装置中的有机质进行生物降解，最终形成稳定的高肥力腐殖质（见图 2.9）。餐厨垃圾中有机物含量高，营养元素全面，C/N 值较低，是微生物的良好营养物质，适于采用堆肥处理，主要包括传统好氧堆肥发酵技术及高温好氧堆肥发酵技术两类。还可在好氧堆肥的基础上投入蚯蚓，利用蚯蚓自身丰富的酶系统，将餐厨垃圾有机质转化为自身或其他生物易于利用的营养物质，加速堆肥的稳定化过程。

▶ 图 2.9　有机肥

对于农村地区，我们还可以将居民产生的厨余垃圾收集起来集中进行处理，国内比较普遍的一种处理方式就是阳光堆肥房（见图 2.10）。堆肥房屋顶一般安装透明玻璃，利用自然光提高堆肥温度，同时引入微生物菌剂，缩短堆肥时间，配套建设通风和保湿回淋系统，可有效去除苍蝇、臭味等，一般 1 吨厨余垃圾经过堆肥房处理后会产生 0.2 ~ 0.3 吨有机肥。这种有机肥氮磷钾含量都很高，适合做蔬菜瓜果的肥料。

▶ 图 2.10　阳光堆肥房

随着科技的高速发展，加上国家、民众对环保的重视程度与日俱增，环保设备新产品开发、应用层出不穷，有机垃圾生物处理机就是其中的一款产品。如图 2.11 所示。它是分散式就地实现餐厨垃圾资源化的一种集成处理设备，选取自然界生命活力和增殖能力强的高温复合微生物菌种，将其添加到生化处理设备中，调节系统运营参数，对餐厨垃圾等有机废弃物进行高温高速发酵，使各种有机物得到降解和转化。

▶ 图 2.11　有机垃圾生物处理机

（3）焚烧法

餐厨垃圾在集中收运至接料仓时，可以自动分离出 42% 左右的渗滤液，此时餐厨垃圾的含水率为 72.85%。根据实验测得餐厨垃圾干基平均低位热值为 18828 千焦 / 千克，当含水率为 50% 时其平均低位热值为 5240 千焦 / 千克，与生活垃圾低位热值相当，完全符合生活垃圾掺烧的条件。目前，针对高含水率的餐厨垃圾实施焚烧处理，最为有效的方法就是前期对其进行脱水、分拣等预处理，之后与生活垃圾协同进行焚烧处理，产生的热量可以供暖或发电，经营相关产业的公司见图 2-12。

▶ 图 2.12 经营餐厨垃圾与生活垃圾协同焚烧的能源公司

（4）生产生物柴油

生物柴油是指利用动植物油脂为原料，通过酯交换反应生成的脂肪酸甲酯等低碳酯类物质，也称为可再生燃油。生物柴油是含氧量极高的复杂有机成分的混合物，这些混合物主要是一些分子量大的有机物，几乎包括所有种类的含氧有机物，如醚、酯、醛、酮、酚、有机酸、醇等。现在生物柴油在一些发达国家已经成了传统柴油的有效补充，通过与传统柴油混合，发挥着节约资源、降低污染物排放等积极作用。利用餐厨垃圾生产的生物柴油价格便宜，而且具有良好的环保性，使用过程中可使二氧化硫的排放减少约30%，而温室气体二氧化碳可减少60%左右。餐厨垃圾提炼垃圾油后，采用硫酸作为催化剂，与甲醇发生酯交换反应，经过静置沉淀后，蒸发去除甲醇并干燥，即制得生物柴油成品。

（5）饲料化技术

餐厨垃圾中含有大量的有机营养成分，其饲料化具有相当的优势。饲料化可分为生物法和物理法。

① 生物法：利用微生物菌体处理餐厨垃圾，利用微生物的生长繁殖和新陈代谢，积累有用的菌体、酶和中间体，经烘干后制成蛋白饲料。

② 物理法：直接将餐厨垃圾脱水后进行干燥消毒，粉碎后制成饲料。脱水方法有常规高温脱水、发酵脱水、油炸脱水。

2.3 日常生活中餐厨垃圾变废为宝小妙招

我们日常生活中产生的餐厨垃圾有很多再利用的小妙招。下面我们就列举一些简单、易操作的餐厨垃圾再利用方法供大家尝试。

（1）烂菜果皮的利用

我们放了很长时间的豆类、瓜子，还有烂菜叶、植物的根系都是很好的制作氮肥的原材料（见图2.13），将其敲碎，再放进加满水的容器中，进行腐熟处理，温度高的时候我们可以将其上层的肥水取出来用来浇菜，然后再加入水放进容器进行沤肥，制作的氮肥能够促进植物的快速生长。

我们平常吃完的橘子、橙子、柠檬的皮，都可以加入堆肥中，可以切成碎片，之后混入土壤中，不仅可以适当去除堆肥里面的臭味，还有一定的杀菌作用，也能让土壤呈酸性，有利于开花植物吸收养分。

▶ 图 2.13 瓜果蔬菜烂叶

家里的锅具用久了就会积存油渍和污垢，可以把吃剩的梨皮（图 2.14）放入要去污的锅中，加水没过梨皮煮上一会儿，顽固的油渍和污垢就很容易被清洗干净了。

▶ 图 2.14 梨皮

香蕉皮（见图 2.15）可以用来擦拭皮鞋、皮衣、皮质沙发等皮制用品，可以长保衣物的光泽，延长皮制物品的寿命。

▶ 图 2.15　香蕉皮

（2）骨壳类的利用

我们吃完饭之后的各类骨头、蟹壳、龙虾壳，甚至是鱼的内脏都是磷肥的重要来源，这些东西经过充分发酵之后能够使花草色泽更加鲜艳。而且动物的内脏可以直接埋在土壤中，肥效超长。这些材料也可以像制作氮肥一样用水浸泡再去浇花，还可以将多个如鸡蛋壳一类物质放在一起炒制成粉末状直接埋在花盆里面，还可以直接将其作为容器。见图 2.16。

▶ 图 2.16　蛋壳中的多肉植物

（3）淘米水的利用

淘米水顾名思义是指洗米过程中产生的水，其呈酸性，pH 值在 5.5 ~ 6，水中含有一定的营养成分，其具有广泛的应用价值，具体有以下几点。

1）作肥料和饲料

淘米水中含有洗掉的米表皮，且水中溶解了一些淀粉、蛋白质、维生素、矿物质等养分，故不仅可以作为肥料用来浇灌植物（见图 2.17），还可以作为饲料喂养家禽家畜。

▶ 图 2.17　淘米水滋养下的蔬菜

2）作护肤品

由于淘米水中溶解了一些淀粉、蛋白质、维生素等养分，可以分解人脸上、手上的油污、淡化色素和防止出现脂肪粒等，所以，长期坚持使用淘米水洗脸、洗手会使皮肤变得光滑、有弹性。

3）作去污、除锈、除臭剂

淘米水中含有生物碱，是良好的洗涤剂，不仅可以用淘米水来擦洗门窗、搪瓷器具、竹木家具等，而且还可以用淘米水洗浅色衣服、有汗迹的衣服、甚至有霉斑或沾有果汁的衣服。淘米水去污力强，浸泡清洗后的衣物可保持鲜亮清洁。

家中使用的菜刀、锅铲、铁勺等铁制炊具，浸入比较浓的淘米水中，可以防止生锈。如果已经生锈，可先在水中浸泡数小时，这样容易擦去锈斑。同时切过牛、羊肉的菜板和菜刀，以及带有腥味的菜，都可以用淘米水洗刷，能除去腥臭味。

4）具有一定的药用价值

淘米水呈弱酸性，含有一定量的蛋白质、维生素和微量元素，特别是前一两次淘米水中含有钾，加入食盐入药后，具有清火、凉血、特别好的解毒的效果。同时，中医也尝试以洗米水炒炙中药，作为调养脾胃的药方。

（4）茶叶包的利用

茶叶包（见图 2.18）具有吸附作用，可以清洗油腻的餐具或者水槽，擦完之后再用水清洗，明显感觉油渍减少，然后只要用少许清洁剂就可以把餐具完全洗净。

▶ 图 2.18　茶叶包

（5）咖啡渣的利用

如今，喝咖啡已成为人们的一种生活方式。对于真正爱好咖啡的人来说，经自己亲手研磨、泡制而成的咖啡才是真正意义上的美味。然而，经这一过程后，往往会留下很多咖啡渣（见图 2.19）。目前，全球每年消费至少 4000 亿杯咖啡，产生至少 800 万吨咖啡渣。目前，大多数咖啡渣都被丢弃、填埋或焚烧，然而咖啡渣其实还是有很多其他用处的，下面就让我们来了解一下吧。

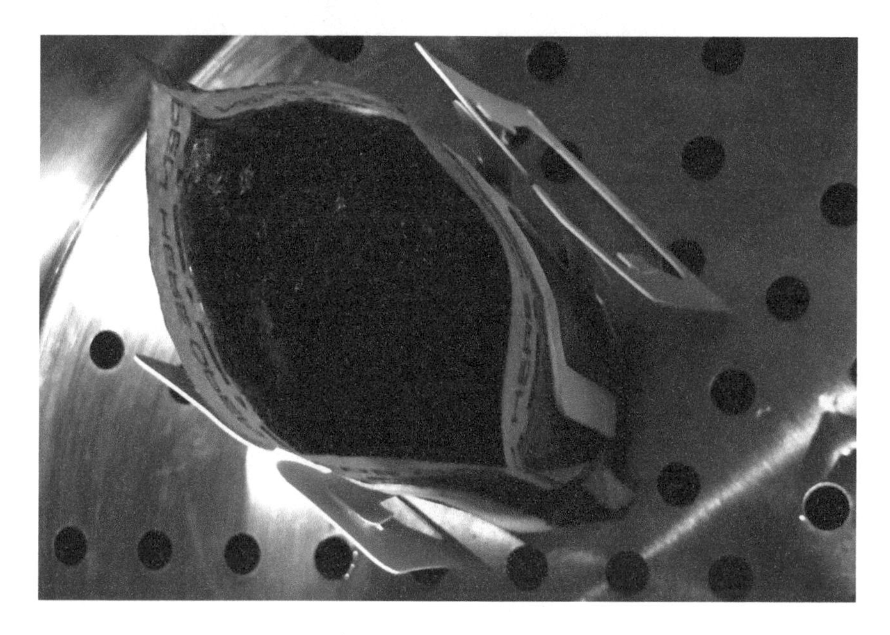

▶ 图 2.19 咖啡渣

1）除味

咖啡渣是一种多孔结构的固体，具有很强的吸附能力，且自身自带咖啡香气，把收集来的咖啡渣晾干，直接平铺在小盒子里或制作成咖啡渣包，放置在厕所、鞋柜、冰箱等产生异味的地方，一段时间后取出更换即可。手上、锅里等地方有异味的话，可以直接用咖啡渣去洗刷，除味效果非常好。

2）作肥料

咖啡渣本身通风又透气，同时又含有大量氮化物。掺入花土直接种花，或者当作肥料定期施肥，都可以让花长势更好。见图 2.20。

▶ 图 2.20　咖啡渣作肥料种植绿植

3）美容

咖啡渣是一种细小的固体颗粒，且不易溶化，其可作为浴盐的代替品，利用其能够去除皮肤上老化的角质，促进皮肤新陈代谢，起到嫩肤的效果。同时，将咖啡渣加水和成泥状，涂到湿头发上 5 分钟，即可让头发保持蓬松、油亮，尤其对染发后干燥的头发效果更加明显。

第3章

可回收物资源化利用

3.1 废纸类

3.1.1 国内外废纸处理情况

（1）美国

从 1993 年起美国政府多次发布行政命令，要求政府优先采购再生纸；在运用行政手段的同时，为了提升其国内民众资源节约、环境保护的意识，美国还将每年 11 月 15 日定为“回收利用日”。2011 年美国浆纸协会制订的中期目标是：到 2020 年实现废纸回收率超过 70%。报告显示，美国造纸行业的废纸回收率近几年呈增长趋势，2015 年，美国造纸行业共消耗超过 3000 万吨的回收废纸，这相当于占总原材料的 38.7%。根据 2016 年 5 月美国林业及纸业协会（AF&PA）公布的统计数据显示，2015 年美国以再生利用为目的的废纸回收率达 66.8%，美国目前的年度废纸回收率几乎增长到 1990 年以来的 2 倍。

在美国，废纸回收体系非常完备，政府不仅制定了废纸回收相关的法律法规和标准，并且各州因地制宜对法律进行补充，而且政府给予废纸循环利用优惠政策，如规定政府采购时优先考虑再生纸；亚利桑那州对购买使用再生资源的企业销售税减少 10%；康涅狄格州的废纸加工企业，除了可获得低息商业贷款外，还可获得企业所得税、销售税和财产税减免。这些措施都有效地促进了美国废纸回收业的发展。

美国林业及纸业协会、美国再生资源联盟、美国环保纸网络和美国废料再生工业协会等非政府组织和行业协会，通过宣传教育、培训等方式向其合作伙伴提供技术、信息服务，并在社区开展废纸回收活动，提高居民的环保意识和回收废纸的积极性。居民可将分出的废纸运往回收中心，也可以请垃圾清理公司处理，从而减少废纸的填埋和焚烧量。

在美国，专业的废纸回收公司起着至关重要的角色，通过收购大量的废纸将其出口到海外以赚取市场差价，同时减少了本土废纸的处理量。据美国林业及纸业协会相关资料报道，出口是美国废纸最主要的用途，近年来，美国废纸的 41% 左右出口至海外，其中，中国、欧洲和北美其他国家和地区是主要的出口市场；其次是再加工成瓦楞纸板，占 31%；加工成硬纸板、薄纸和新闻纸分别占 12%、8% 和 3%；另外的 5% 被加工成其他的纸产品。美国废纸的用途如图 3.1 所示。

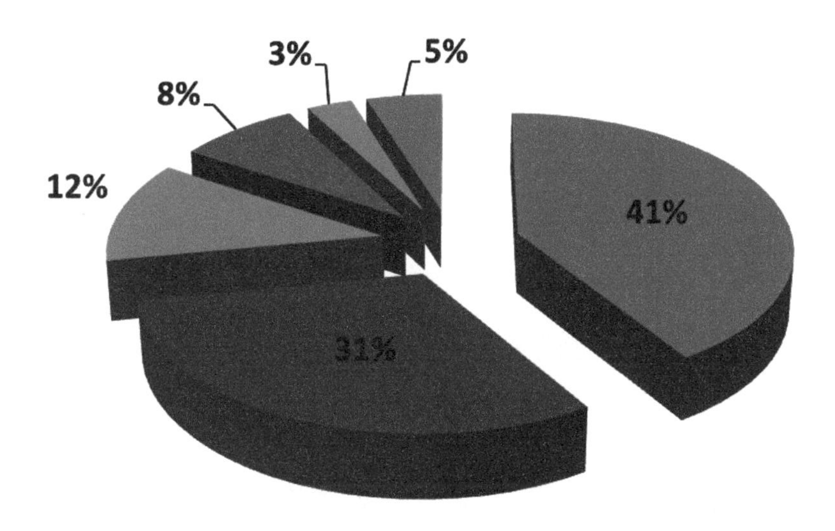

图 3.1 美国废纸的用途

（2）欧洲

欧盟于 1991 年颁布了欧洲废料处理指南 91/159EWG，于 1994 年颁布了欧盟包装业规范 94/62EG。至今，此条款仍为规定产品内外包装方面的原则条款，涵盖纸张、纸板、塑料、金属及一些合成材料。规范规定了包装材料循环回用、再生、作为其他用途和减少最终废物产生的原则，规定了欧盟各成员国必须建立收集、回用和再生的体系，明确了在包装材料中哪些最终会成为废物，规定了最终消费者付绝大部分的“污染者付款”原则。规范还指明必须加强宣传，从源头进行分类（如家庭）是提高回收水平的最好方法。

1996 年 6 月，所有欧盟成员都必须将此包装业规范加入国家法律中。到 2001 年，除英国外，欧盟各国均已制订了平均高达 70%~85% 的旧包装物收集目标。例如，瑞典规定盒纸板和包装纸板的再生利用率，从 1997 年的 30% 提高到 2001 年的 70%，瓦楞纸板的回收利用率不低于 65%。荷兰规定回收及再生利用率不低于 85%。2005 年，整个欧洲纸和纸板的回收目标是 65%，最终目标是全部回收；不能再次抄造的废纸，也会回收作为生物燃料。

（3）日本

日本固体废弃物回收利用从1967年立法开始，先后制定并颁布实施了《资源再生利用法》《资源有效利用促进法》和《废弃物处理法》。这些法律详细规定了产生者、消费者、管理部门的责任和义务，采用了生产者责任和基金制度来促进固体废弃物综合利用。

日本废纸根据来源不同分为回收废纸和产业废纸，回收废纸包括从家庭、街道办事处和学校等回收的废纸，也包括地方自治体行政回收的废纸、报亭剩余的过期旧报纸，以及开着小型卡车沿街巡回于一般家庭的回收业者回收的废纸，这类废纸由回收业者回收。印刷厂和瓦楞纸箱厂等大规模产生废纸的场所的产业废纸，由指定的专业回收者和直接收购业者收购。造纸厂对于废纸质量和收购商共同设置基准，签订契约，一旦发现收购废纸中混入了有关规定的禁忌品，不能满足基准要求，则采取退货处理，如图 3.2 所示。

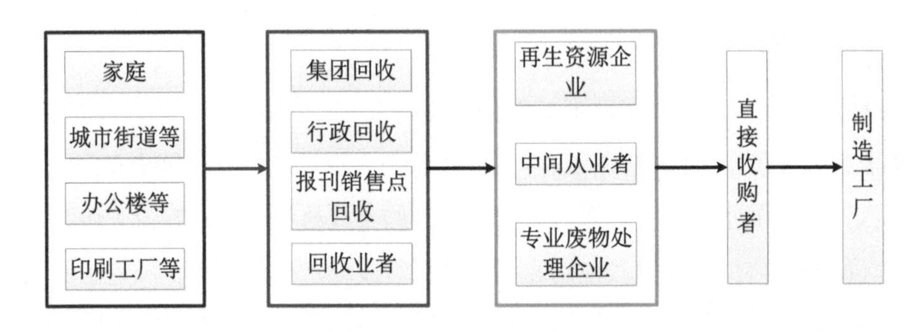

▶ 图 3.2　日本废纸回收途径

日本的造纸厂和废纸回收厂在日常经营过程中采取了精细化管理，即各个环节均有严密规范操作准则，规定了每批废纸质量和到达时间；另外，为了提高二次废纸的出浆率，日本造纸厂在其生产过程中就杜绝覆膜，减少胶的添加数量，同时采用先进的设备和生产工艺，确保出厂的纸产品在回收后能够最大资源化。

（4）中国

我国是世界废纸最大的进口国和消费国，但我国大陆人均森林资源匮乏，废纸回收率较低，仅为30%左右，因此，回收利用废纸具有积极的经济意义和社会意义。废纸的主要回收利用流程见图3.3。

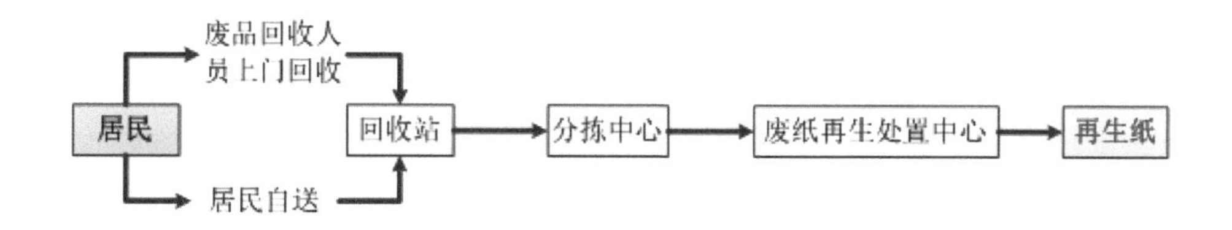

▶ 图3.3 废纸回收利用流程

2007年商务部、国家环境保护总局（现生态环境部）等单位联合发布的《再生资源管理办法》中明确规定，从事再生资源回收经营活动，必须符合工商行政管理登记条件，领取营业执照，方可从事经营活动；2011年国务院办公厅发布的《关于建立完整的先进的废旧商品回收体系的意见》中指出，充分发挥市场机制作用，提高废纸等主要废旧商品的回收率，提高分拣水平，发挥大型企业的带动作用以及推进废旧商品回收分拣集约化、规模化发展；另《造纸产业发展政策》《造纸行业“十二五”规划》《中国造纸协会废纸回收分类及贸易指南2013》《废纸分类等级规范》和《资源综合利用产品和劳务增值税优惠目录》等相关文件，对废纸产业的发展、企业的规模以及规范化管理等方面内容均提出相应的要求，为促进其可持续发展具有重要作用。

对于进口废纸，我国管理逐步加严：2008年以前全部废纸品种（共计4类为自动类）；2008 ~ 2015年仅将“其他废纸”列入限制类；2015 ~ 2017年将全部废纸品种（共计4类）纳入限制类管理；2017年8月10日环境保护部（现生态环境部）等四部委联合发布的《进口废物管理目录》中，将“未经分拣的废纸”从《限制进口类可用作原料的固体废物目录》调整列入《禁止进口固体废物目录》，并于2018年开始实施。

3.1.2 废纸资源化利用技术

用废纸或厚纸板做原料，可以采用生物技术生产乳酸等化工产品，还可以生产各种功能材料，如隔声材料、包装材料、除油材料，可用于制作日用品、纸质家具等。除再生纸生产外，低品质或混杂了其他材料的废纸还有其他广泛的再生用途。

（1）生产乳酸

现有一种以旧纸为原料，经葡萄糖生产乳酸的低成本生产乳酸的方法。乳酸可用于发酵、饮料、食品和药物生产中，还可以作为可生物降解塑料的原料。该方法使用的原料主要为旧报纸，一般先用磷酸把旧报纸处理一下，然后在纤维素酶的存在下制成葡萄糖。该工艺比通用的方法需要纤维素酶的用量少且时间短，由此得到的低成本葡萄糖可用普通的发酵方法制得L-乳酸，如图3.4所示。

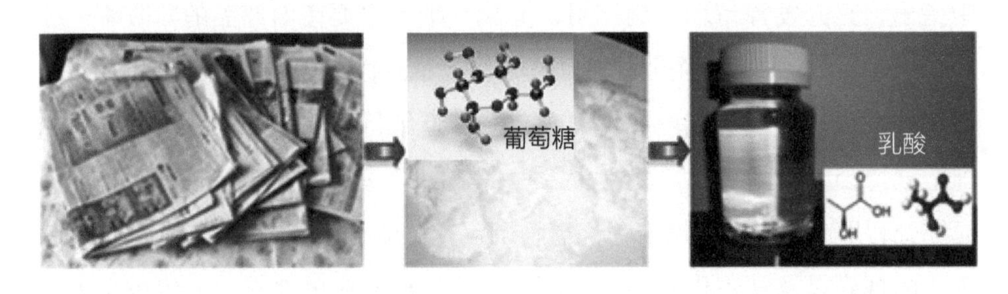

▶ 图3.4　废纸生产乳酸

（2）日用品或工艺专用品

随着环保要求越来越严格，以往使用的一次性杯、盘、饭盒及包装材料等均为不可降解产品，属于禁止使用之列。目前，其有效的替代品为纸浆模塑产品。“纸浆模塑”是以纸浆料为原料，用带滤网的模具，在压力（负压或正压）、时间等条件下使纸浆脱水、纤维成型而生产出所需产品的加工方法。

目前，法国、美国、日本、加拿大等国家的纸浆模塑业均已具备了相当的规模。在一些工业发达国家，纸浆模塑制品在工业产品包装领域所占比重已高达70%，其中绝大部分使用的原料为100%的废纸浆，已基本取代了体积大、回收困难、再生费用高、废弃物不可降解、焚烧处理会污染环境的聚苯烯泡沫塑料作缓冲衬垫材料。

我国的纸浆模塑业起步较晚，迄今才有十余年的历史，但也取得了长足的进步，已由简单的果托、蛋托（见图3.5）之类的低档产品发展到工业品包装和食品包装物上。但是，我国纸浆模塑制品在工业产品包装领域所占比重仅为5%。

图3.5　再生蛋托纸板

（3）生产隔热、隔声材料

隔热、隔声材料被广泛地应用于工农业生产和人们生活之中，如建筑物的隔热、隔声，化工厂或热电厂的设备及管道的保温层等。目前，能耗高低已作为衡量工厂管理水平的重要指标之一。因此，非常有必要生产性能优良、物美价廉的隔热、隔声材料，以满足迅速发展的工农业生产及人们物质文化水平提高的需求。利用废纸或厚纸板生产密度小、隔热、隔声性能好、价格低廉的材料，是一种节约资源、变废为宝的有效途径。

（4）废纸发电

英国近年来推出了一种高效、廉价的废纸处理方法即废纸发电：将大批包装废纸用烘干压缩机压制成固体燃料，将该固体燃料在中压锅炉内燃烧，产生 2.5 兆帕以上压力的蒸汽；该蒸汽推动汽轮发电机发电，产生的废气用于供热。燃烧固体废纸燃料放出的二氧化碳比烧煤少 20%，有益于环境保护。

（5）制造新型建筑和装饰材料

日本利用旧报纸制造新型建筑和装饰材料获得成功。该新型建材的制作过程是：先将旧报纸与废木材一同粉碎成粉末，再加入由农用膜等原料制造的特殊树脂并加工成型；将成型后的材料表面磨光，再印刷上各种木纹后，外形就和真木材一模一样了。该材料的优点是：具有木材的清香，强度可与某些合金相媲美，同时防潮能力强，最适于用作建筑外部平台的铺装材料。

（6）制作纸质家具

在新加坡，人们利用旧报纸、旧书刊等废纸原料，卷成圆形细长棍，外裹塑胶纸，制作成手工纺织的地毯、坐垫、手提包、猫窝、门帘，甚至茶几、床等家庭用具（见图 3.6）。在制作时，可根据各种家庭用具的不同造型，卷编出不同的图案，再饰以色彩，使制作出来的家庭用具既实用又美观。纸质家具质量轻，组装拆卸方便、省时省力、造价低、容易回收。其制作工艺简单，只需将各种废纸收集起来，经压缩处理制成一定形状的硬纸板，即可像拼积木一样组装成各种家具。在家具表面涂上保护漆，可解决“负重”和“怕水忌潮”的问题，很适合我国的住房状况，还可以节约木材资源，保护生态环境。

▶ 图 3.6 纸质凳子和灯罩

此外，废纸还可用于园艺及农牧业生产；废纸打浆后制成小花盆（见图 3.7）；用于农牧生产中可改善土壤质量，并可加工成牛羊饲料（在美国、英国、澳大利亚等国家使用）。从废纸中提炼再生酶后可用于废纸脱墨，生产白色再生纸。废纸在化学工业上也有应用，如生产羧甲基纤维素（CMC）、助滤剂，与合成纤维混合生产工业抹布。总体来说，废纸的回收处理产业化能够带来较高的社会效益、环境效益和经济效益。通过“科学化分类、专业化处理、无害化利用”，可以减少废纸资源的浪费，保护生态环境。

▶ 图 3.7 纸制花盆

3.1.3 废纸回用过程中废渣资源化利用

废纸回用过程中废弃物可采用人工分拣，对可用废料如金属材料、塑料等可进行废品回收。对于废纸回用过程中产生的污泥，国内外都进行资源化研究。例如，济宁市环境保护科学研究所张鸿升等从废纸回用产生的污泥中提取有用纤维。据统计，以废纸为原料生产板纸时，每吨废纸产纸浆 820 千克，其余 180 千克中有 58% 为细小纤维，它们存在于大量废水中。经过物理－生化法处理之后，脱墨污泥中可被生物降解的部分被分解消化，使废水得以回用或达标排放。与此同时，未被生物降解的短纤维、造纸填料，如白土、滑石粉等，被新生成的生化污泥所富集，为纤维的提取提供了有利条件。一个日产 450 吨的板纸厂，日产含水率 75% 左右的泥饼近 260 吨。采用适当的技术处理，纤维提取率达污泥（以干量计）量的 38% 左右。

污泥的燃烧，既可回收热能又可减少堆放用地。含无机物量高的脱墨污泥燃烧比较困难，有的工厂用树皮等废弃物改善其燃烧能力。

污泥燃烧后的灰如果准备填土的话，则必须对炉灰进行分析看它是否有害。主要关心的是诸如汞、砷、铬这类金属在堆放场堆灰中的沥滤情况。如果分析结果证明这些灰是有害的，则这些灰的抛弃必须在政府指定的地点进行，通常费用比较高；如分析结果证明这些灰是无害的，则可以按通常的废渣进行填土，或用来作为添加剂加在水泥混凝土之中或作为道路建筑材料。

美国 Silver Leaf Paper 公司利用活性污泥与废纸处理过程中产生的不可回收的可燃废塑料、废纸渣制成球形燃料用于工业锅炉燃烧。该公司以 20% 的废水处理系统中的活性污泥与废纸渣、废塑料制成的无需干燥的球形燃料，开始活性污泥以 15%~20%（体积比）的比例掺于煤炭中供锅炉燃烧使用成功，其后掺入量增加到 50% 也能使燃烧保持正常。

污泥的另一个出路是制造供建筑用的轻质团粒（Light-Weight Aggregates，LWA）。美国 Wisconsin 电力公司在 Oak Creek 的发电厂用该厂的煤灰和附近一家纸厂废水处理产生的污泥作为原料，在 1000℃温度的旋转窑中煅烧出轻质团粒，用以替代造价高的天然石材加工制成的轻质团粒，使用效果很好。这种轻质团粒体积比一般常用的建筑材料——砂石体积要大 2 倍，调制成混凝土后可达到同样的耐压强度，而质量要比一般混凝土轻 20%~30%，不但能减少钢筋消耗，还经久耐用。20 世纪 80 年代以来，美国已将这种轻质团粒用于建造高楼大厦、桥梁、铺路等。轻质团粒与沥青、柏油的结合能在表面产生阻止滑动的摩擦作用（Skid Resistance），可减少碎石粒产生的粉尘和防止地湿路滑，做到废物的充分利用，深受社会各界的好评。

在奥地利，也有将干度为 50% 的污泥直接送水泥厂的转窑。1 台利用热烟道气的干燥器先将污泥干燥程度从 50% 左右升到 70% 左右，而后用油在转窑中燃烧。其中有机成分燃烧的热量得到了利用，无机成分则成为水泥的一部分。污泥燃烧时不会增加二氧化硫、二氧化氮或粉尘的排放量。

有相关资料报道，含有 50% 填料的污泥在煅烧后，碳酸钙并不生成氧化钙，高岭土也不生成煅烧白土，而是生成一种十分均匀的硅酸铝钙矿物，这种矿物可用来生产高级填料并重新回用到纸基上去。

3.2 废塑料

3.2.1 国内外废塑料处理情况

（1）美国

据美国化学委员会统计，2009年在美国由聚对苯二甲酸乙二醇酯(PET)和高密度聚乙烯(HDPE)等塑料生产的塑料瓶中，回收塑料瓶已超过99.7%。来自消费者、环保倡议者及零售商的压力，让产量占美国80%以上的几家塑料袋生产商在2009年4月22日“地球日”郑重对外承诺：到2015年将使塑料袋的回收利用率达40%。

2009年6月，PWP工业公司已在西弗吉尼亚州投产了8万平方英尺（1平方英尺≈0.09平方米，后同）的消费后塑料循环回收利用中心，不久之后，PWP工业公司与可口可乐亚特兰大塑料循环回收利用公司一起，将PETE塑料瓶转化成食品和医药管理局认可的食品级适用材料。

美国环境设计顾问业务组织设计化学部于2009年1月13日授予沙伯创新塑料公司的Valox iQ PET聚酯树脂以环境绿色产品荣誉。Valox iQ PET聚酯树脂采用专有工艺用PET聚酯基聚合物制取，该树脂也使用了高达65%的消费使用后塑料废弃物，从而使其碳足迹比其他工程热塑性塑料要低50%～85%。Valox iQ树脂的应用包括家具、计算机和消费电子产品以及汽车部件如挡泥板。

2010年6月，位于美国波士顿的东北大学的研究人员宣布，该研究团队开发了一种废弃物燃烧器可将非生物降解塑料破解后形成燃料的替代来源，从而最大限度地减少有害排放物的释放。该原型设施可进行放大，可用于驱动大型发电厂，大型发电厂可与塑料回收中心相链接，以供应稳定的燃料来源。

根据2012年5月发布的一项报告，美国塑料薄膜及塑料袋回收量显著增长，2010 年跃升了 14%，达到 9 亿 7180 万磅(约 448000 吨)。这是自 2006 年以来，年增幅首次超过 3%。

(2)欧洲

据欧洲塑料制造和回收集团统计，2008 年欧洲塑料废弃物总量约为 2490 万吨，其中 63% 来自塑料包装，塑料总回收率已达到 54%。2009 年欧洲塑料需求增长至 5280 万吨，其中有 50% 的塑料被回收利用，20.5% 循环回收，29.5% 回收用作能量。丹麦、德国、荷兰、瑞士等国 2009 年塑料废弃物回收率均超过 82%。

2011 年欧洲分类后的 PET 瓶回收率增长 9.4%，达 159 万吨。据欧洲 PET 容器回收协会和欧洲塑料回收协会联合发布的一份报告称，2011 年欧洲市场 PET 瓶的总体回收率达到创纪录的 51%。其中，超过 50% 的回收 PET 瓶被用于生产包装用容器或薄板，39% 被用来生产纤维，有近 10 万吨用于生产皮带。欧洲包装和包装废物导则要求欧盟大多数成员国 2008 年应至少回收塑料包装 22.5%，目标是到 2020 年从家庭来源回收利用或再利用塑料比例增加到 50%。

2006 年欧洲聚氯乙烯消费后回收量为 8.3 万吨，而 2009 年聚氯乙烯消费后回收量则增至 17 万吨，利用率提高到了 87%，其中回收利用量中窗框超过 6 万吨、管材为 3 万吨。

(3)日本

日本是塑料生产大国，在废塑料回收利用基础研究方面投入也较大，成立了相应的行业协会和专业机构，通过对废塑料再生利用的工艺研究，已研发出多款废塑料加工利用成套设备，并出口海外。同时，日本在混合废旧塑料的开发应用方面也处于世界领先地位。如三菱石油化学株式会社研制的设备可以将含有非塑料成分达 2%(如废纸)的混合热塑性废旧塑料制成各种再生制品，如栅栓、排水管、电缆盘、货架等。

据日本塑料工业联合会介绍，2008 年日本废塑料排放总量为 998 万吨，包含市政排放 502 万吨和工业排放 496 万吨，回收利用率高达 76%。其中，

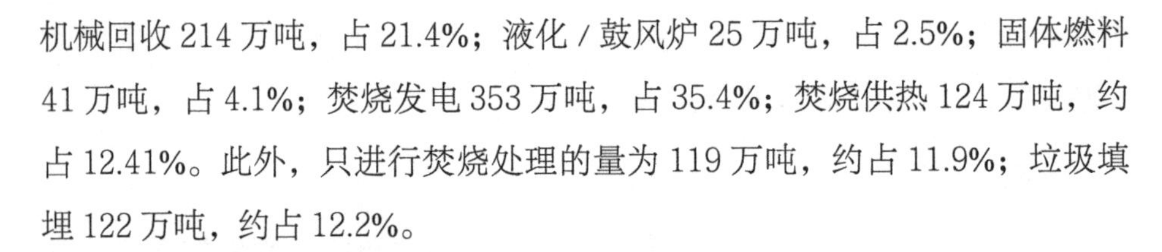
机械回收 214 万吨，占 21.4%；液化 / 鼓风炉 25 万吨，占 2.5%；固体燃料 41 万吨，占 4.1%；焚烧发电 353 万吨，占 35.4%；焚烧供热 124 万吨，约占 12.41%。此外，只进行焚烧处理的量为 119 万吨，约占 11.9%；垃圾填埋 122 万吨，约占 12.2%。

（4）中国

随着塑料制品消费量不断增大，中国市场的年应用数量超过 8000 万吨，废弃塑料也不断增多。目前中国废弃塑料主要来源于塑料薄膜、塑料丝及编织品、泡沫塑料、塑料包装箱及容器、日用塑料制品、塑料袋和农用地膜等。中国废塑料产生量 2018 年达到 5000 万吨。根据粗略估算，中国废塑料应用主要组成是纺织 15%、工业包装 10%、快销品及包装 40%。

目前，国内已形成一批较大规模的废塑料回收和再生塑料交易市场和加工集散地。废塑料回收、加工、经营市场规模越来越大，年交易额达百亿元以上。再生塑料总产量达到 2000 多万吨（含国内回收和进口废塑料），成品率约为 82%，占塑料消耗总量的 25% 左右，成为塑料工业的重要基础原料。废塑料经过人工筛检分类后，还要经过破碎、造粒、改性等流程，变成各种透明或不透明塑料颗粒，再次应用到各种塑料制品中。

3.2.2 废塑料资源化利用技术

塑料工业的发展对其他工业的发展以及人民的生活水平的提高，产生了巨大的作用，但随着人们对生活环境质量日益关注和废塑料对环境污染的严重性，人类不得不考虑塑料制品废弃后的回收、利用、再生、降解与处理等问题。但是，废塑料的回收、利用与处理是一项复杂的技术性强的综合性工作，我国尚属起步阶段。

随着石油化工和塑料加工业的迅速发展，塑料及其制品大量进入人类日常生活，但随之而来的是城市垃圾中废弃的塑料制品量呈直线上升。目前解决废塑料污染的途径大致有：回收再利用、填埋处理和发展可降解塑料 3 种。从环境科学的原理着眼，将废弃塑料回收再利用不仅可以消除环境污染，而且可以获得宝贵的资源或能源，产生明显的环境效益和社会效益，如果技术合理，还能产生一定的经济效益。所以，回收再利用处理废弃塑料是符合当前中国国情的，也是应当大力推广的发展方向。

废塑料回收再利用的方法归纳起来主要有以下几个方面。

1）直接再生利用

直接再生利用是指废旧塑料直接塑化，破碎后塑化，经过相应前处理破碎塑化后，再进行加工制得再生塑料制品的方法。这类再生工艺比较简单且表现为直接处理成型。因未采取其他改性技术，再生制品性能一般欠佳，只作为低档次的塑料制品使用。主要有以下两种。

① 加工成塑料原料。把收集到的较为单一的废塑料再次加工为塑料原料，这是最广泛采用的再生利用技术，主要用于热塑性树脂，用再生的塑料原料可作为包装、建筑、农用及工业器具的原料。其工艺过程包括破碎、掺混、熔融、混炼，最后加工成粒状产品（见图 3.8）。不同厂家在加工过程中采用自行开发的技术，可赋予产品独特的性能。

▶ 图 3.8　多彩的塑料粒子

② 加工成塑料制品。利用上述加工塑料原料的技术，将同种或异种废塑料直接成型加工成制品。一般多为厚壁制品，如板材或棒材等，有的公司在加工时装入一定比例的木屑和其他无机物，或使塑料包裹木棒、铁心等制成特殊用途制品，大都已形成专利技术。

2）化学回收利用

主要为热分解制油利用。这方面的研究目前相当活跃，所制得的油可作为燃料或粗原料（见图 3.9）。热分解装置有连续式和间断式两种，分解温度有 400 ~ 500℃、650 ~ 700℃、900℃（与煤炭共分解）以及 1300 ~ 1500℃（部分燃烧气化）之分，有关催化高压加氢分解等技术也在研究之中。

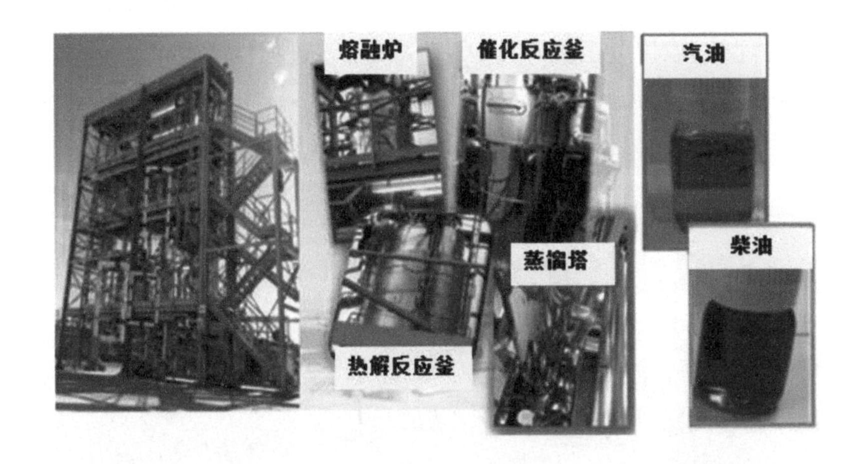

▶ 图 3.9　废塑料热解炼油

3）能源回收

主要为热电利用。将城市垃圾中的废塑料分选出来进行燃烧产生蒸汽或发电。该技术已较成熟，燃烧炉有回转炉、固定炉、硫化炉之分；二次燃烧室的改进和尾气处理技术的进步，已经可以使废塑料焚烧回收能量系统的尾气排放达到很高的标准。废塑料焚烧回收热能和电能系统必须形成规模才能取得经济效益，例如废塑料日处理量至少要在 100 吨以上才合算。

4）燃料化利用

废塑料热值可达 25.08MJ/kg，是一种理想的燃料，可制成热量均匀的固体燃料，但其中含氯量应控制在 0.4% 以下。普遍的方法是将废塑料粉碎成细粉或微粉，再调合成浆液做燃料，如废塑料中不含氯，则此燃料可用于水泥窑等。

（1）直接再生利用技术

直接再生利用是指废旧塑料直接塑化、破碎后塑化、经过相应前处理破碎塑化后，再进行成型加工制成再生塑料制品的方法。直接再生利用也包含加入适当助剂组分（如防老化剂、着色剂、稳定剂等）进行配合，加入助剂只是起到改善加工性能、外观或抗老化作用，并不能提高再生制品的基本力学性能。

直接再生利用的废旧塑料依据来源、混杂程度、清洁程度、使用目的的不同可分为三类。

第一类是把单一品种的干净的废塑料直接循环回用或经过破碎后加以利用。例如，工厂产生的边角料（见图 3.10）、不合格品、商业部门回收的包装和防震料这类废旧塑料无需分拣清洗、鉴定，大都经破碎后掺入新料中使用。

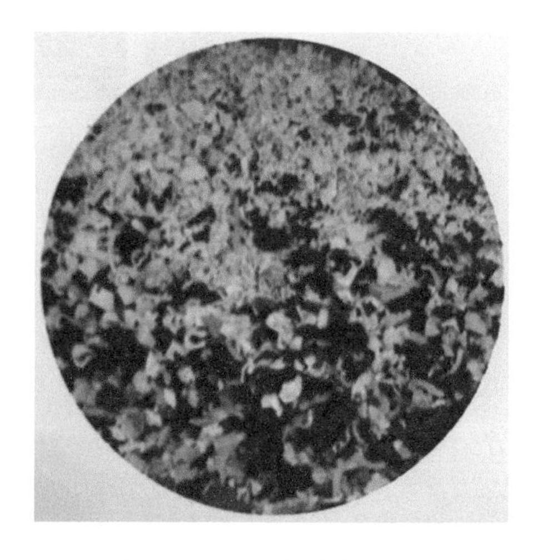

▶ 图 3.10　行业边角料

第二类是必须经过鉴定、清洗、干燥、破碎后造粒或直接塑化后成型，如图 3.11 所示。例如，废农膜、使用后的一次性塑料制品、家电配件和外壳、汽车配件等。

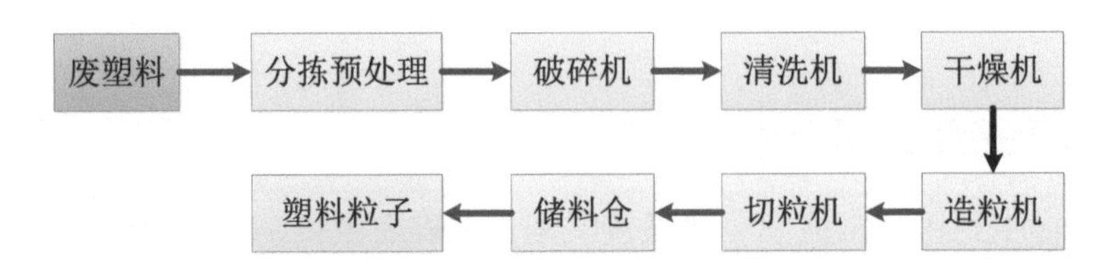

▶ 图 3.11　废塑料再生造粒工艺路线

第三类是经过特别预处理后再利用。例如，各类发泡塑料（见图 3.12）先进行消泡后再利用。

▶ 图 3.12　发泡塑料

直接再生利用技术是目前应用比较广泛的，利用该方法就可以将我们丢弃的饮料瓶、矿泉水瓶变成再生聚酯纤维，最终制作成衣服、地毯、靠椅、人工草坪、土工布、滤材、汽车零件等（见图 3.13）。

那么从瓶子到再生聚酯纤维，中间经历了什么？其实这要从饮料瓶自身说起，饮料瓶也叫聚酯瓶，它是由 PET 聚酯塑料制作而成的，而大部分衣服则是由学名为聚酯纤维（俗称涤纶）的材料所制的。

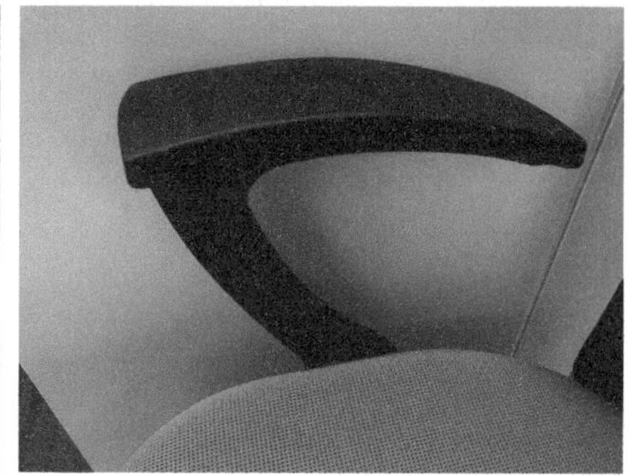

▶ 图 3.13 地毯及座椅

饮料瓶是如何变身，最终又穿到我们身上的呢？主要流程如图 3.14 所示，下面就让我们来看看具体细节吧。

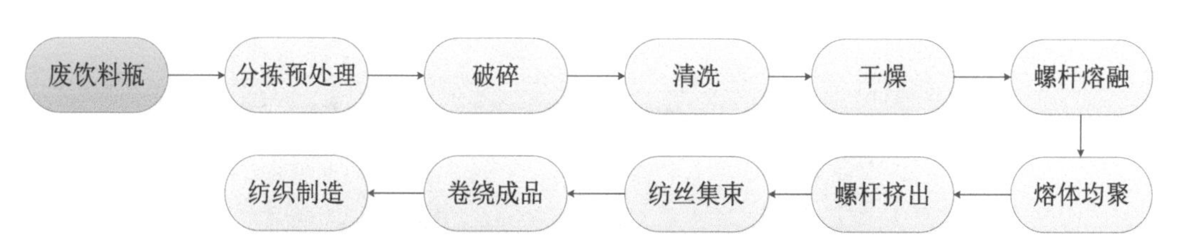

▶ 图 3.14 废饮料瓶再生纺织原料

首先，通过人工或机械的方法将透明塑料和有色塑料分离（见图 3.15），因为透明的塑料可以制造白色的或是无染色的纤维，因此它们的价值比有色塑料高很多。

▶ 图 3.15　人工分拣透明废塑料

其次，经过两遍"清洗"过程，即可将瓶内的残余液体排除、标签脱去、洗净，以满足后续制成纤维的要求，特别注意的是制造白色的聚酯纤维布料需要使用浅色的塑料片。

然后，将洗净的饮料瓶进行破碎制瓶片，之后进行纺丝。纺丝时，首先，要将塑料片的水分充分烘干，然后将其在270℃下熔融，经螺杆挤出机挤出、冷却、成丝（一般包括短纤和长丝两种）。短纤经过纺纱 / 长丝经过变形等加工后即可进入织造工序，其中织造的方式一般分为机织和针织两种，图3.16为废塑料纺织出的纱和布条。

▶ 图 3.16　废塑料纺织出的纱和布条

最后经过染色、后整理等各项工序，布料就变成手感柔软的可用来做服装的面料，面料经过设计、剪裁、缝纫等，可以做成各种款式的潮流服装。

据报道，4 个普通的矿泉水瓶就能够变成一件质地优良的运动 T 恤，目前市面上的生产商，不仅用瓶子，还用其他聚酯类废料，通过配方研制出了各种颜色和性能的再生聚酯纤维。数据显示，每回收再利用 1 吨再生产品，能减少 6 吨石油消耗，减少 3.2 吨二氧化碳排放，相当于 200 棵树 1 年吸收的二氧化碳量。与此同时，再生聚酯纤维的性能与原生纤维相当，有些性能甚至高于原生纤维，例如再生三维填充用短纤维的回弹性、滑爽度、蓬松度等指标。所以无论从碳排放、社会责任，还是从资源投入角度看，再生聚酯纤维对于人类的重要性都是毋庸置疑的。

目前，从服装到家纺、再到产业应用领域，我们生活中的再生聚酯纤维已随处可见，如 NIKE、ADIDAS、IKEA 的产品中都有聚酯纤维，NIKE 球衣中含 86% 再生聚酯纤维；同时 ADIDAS 声称从 2024 年起，在自家的衣物和鞋类产品上完全使用再生聚酯纤维，甚至就连大名鼎鼎的 LV，也在推广使用再生聚酯纤维。

（2）化学回收利用

废旧塑料的化学再生利用是指通过化学反应使废旧塑料转化成低分子化合物或低聚物。这些技术可用于以废旧塑料为原料生产燃料油、燃气、聚合物单体及石化、化工原料。

① 解聚反应采用化学法分解多种塑料废弃物是可行的，但目前主要是用于处理聚氨酯、热塑性聚酯、聚酰胺类等极性类废旧塑料。化学分解法分为水解法、醇解法、废聚酯的解聚和化学转化处理法。

化学分解法不适用于混杂型废旧塑料，更适用于较单一品种的无污染型废旧塑料。这主要是因为所用试剂均有严格的选择性，同时，因为化学分解法对废旧塑料预处理的清洁度和品种均匀性皆有较高的要求。因此化学分解法用于处理生产中的边角余料和废旧塑料非常适合，对垃圾中的废旧塑料一般要求较严格的分选和清洗。

② 热裂解法是指按照自由基反应机理，在强吸热的过程中，C—C 键断裂，同时辅助 C—H 键断裂，产生的自由基在组合的过程中生成小分子烃类，经冷凝后可得到燃料。热分解法是一种古老的工业化生产技术，最早应用于煤的干馏，得到的焦炭产品主要用作炼铁燃料。随着现代化工业的发展，该技术的应用范围逐渐扩大，并被用于重油和煤炭的气化。塑料的热解是指将塑料等在无氧或缺氧状态下加热，使之分解的化学过程，分解产物为：以氢气、一氧化碳、甲烷等低分子烃类化合物为主的可燃性气体；在常温下为液态（包括乙酸、丙酮、甲醇等化合物）的燃料油；纯炭与玻璃、金属、土砂等混合物形成的炭黑产品。常见工艺流程见图 3.17。

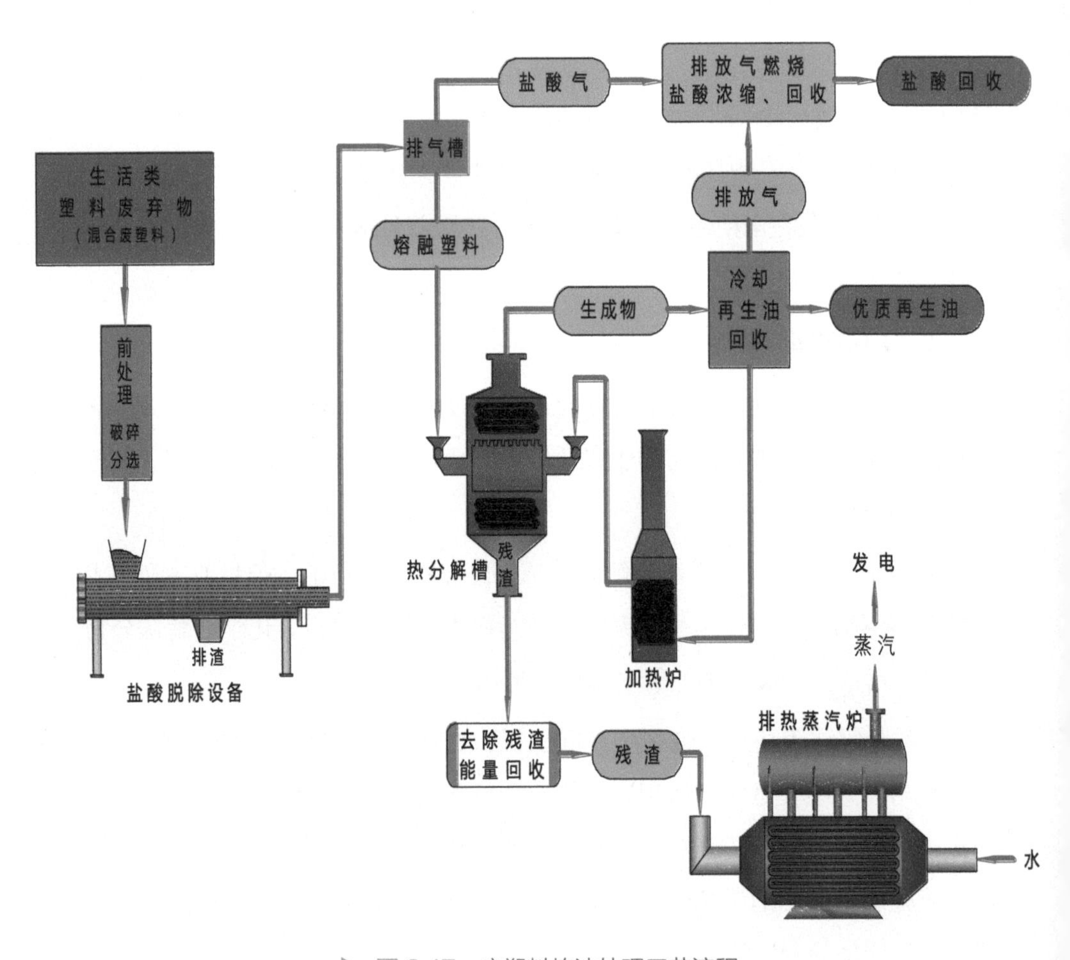

▶ 图 3.17　废塑料炼油处理工艺流程

（3）能源回收

废塑料的热能利用，是指将其作为燃料，通过控制燃烧温度，充分利用废弃塑料焚烧时放出的热量。这种方法具有明显的优点：不需繁杂的预处理，如无特殊要求也不需要与生活垃圾分离，特别适用于难以分选的混杂型废弃塑料；从处理的角度看十分有效，焚烧后可使其质量减少 80%，体积减小 90% 以上，燃烧后的渣密度较大，处理方便；废塑料产生热量很大，其热值与相同种类的燃油相当。

因此，废旧塑料的热利用得到了越来越多的重视。据 1995 年统计，在日本的废弃塑料回收总量中，用于再生原料和制品的约占 11%，直接掩埋的约占 38%，用于焚烧发电和热能回收的约占 51%。

1）废塑料高炉原料化技术

高炉喷射废塑料燃烧技术最早在德国布莱梅公司获得试验与应用，而日本钢管株式会社在京浜制铁所第一高炉（容积为 4907 立方米）上首次将塑料进行分类、破碎、造粒后作为原料喷吹入高炉，开发一整套废塑料高炉原料化系统，并与高炉喷射设备合并在一起，形成整个再生利用系统，是世界首例。

2）废塑料焦化技术

新日铁公司利用废塑料与煤一起装入焦炉进行焦化，该塑料是日常用品废塑料和工业废塑料，这些废塑料依次通过如下工序：开捆机将收集来的废塑料进行开捆处理；进行人工手选异物（如铁、铝、玻璃碎片、电池、橡胶、砂石等除塑料以外的物品）处理；利用粗破碎机进行破碎；进行机械除去异物，要求 100% 除去废塑料以外的一切异物；除去 PVC 塑料；进行二次破碎；进行造粒成型；粒状废塑料与煤粉混合一起装入焦炉。装入焦炉的废塑料将分解成 40% 的煤油、20% 的焦炭以及 40% 的焦炉煤气。煤油将作为化工厂的化学原料加以利用，焦炭则作为高炉的炼铁原料，而焦炉煤气成为炼铁厂的火力发电厂的能源。这样该厂不仅解决了废塑料处理问题，而且还通过废塑料再利用节省了资源和能源。日本君津厂废塑料焦化设备于 2000 年 11 月正式投入使用，其处理能力为 8.4 吨 / 小时。新日铁公司废塑料焦化技术，已在日本名古屋厂和君津厂都得到实际应用，效果良好。

3）焚烧回收热能

塑料在燃烧时能释放出大量热能，因此，对不能再生利用的可燃性塑料都可以焚烧回收其热能。这种方法如果处理单纯废塑料比较困难，最好与废纸等可燃垃圾混合焚烧，废塑料在焚烧过程中会产生氯化氢等有害气体、高热量、重金属以及微量有害物质。例如 PVC 燃烧时产生氯化氢气体，聚丙烯腈燃烧时产生氰化氢 (HCN) 气体，聚氨酯燃烧时也产生氰化物等。所以如何防止塑料焚烧造成的环境污染是很重要的。

现行燃烧废弃塑料的方式如下。

① 使用专用焚烧炉焚烧回收其能量，其所用专用焚烧炉有流动床式燃烧炉、浮游燃烧炉、转炉式燃烧炉等。这种专用设备都要求尽可能避免产生公害，长期使用和稳定连续运行。

② 废弃塑料作为补充燃料与生产蒸汽的其他燃料掺用。这是一项既可行又较先进的能量回收技术，热电厂即可使用塑料废弃物作为补充燃料。

③ 通过氢化作用或无氧作用，转化成可燃气体或可燃物再利用。所谓氢化作用是通过加热，在一定氢压下转化为重油，并有 CO 和蒸汽产生；所谓无氧作用是其有机成分在无氧条件下分解，产生甲烷可燃气体等。

3.3 废金属

3.3.1 国内外废金属处理情况

（1）美国

美国国会 1965 年通过了固体废物处置法，后经两次修订，1976 年颁布了资源保护和回收法。该法规定从财政上拨款支持各州建立固体废物管理，资源回收和资源保护的全面规划。各州和地方政府也相应制定强制回收包括废金属在内的法规，最有名和收效最大的是强制回收废饮料罐的"押金法"。该法要求所有的啤酒、麦芽酒、碳化水软饮料的容器至少加 5 美分的偿还金。对标准的或经鉴别可再用的容器减少 2 美分的偿还金。目的是鼓励生产厂家使用能回收再用的饮料容器，对不能再次使用的金属饮料罐无疑是个限制。

加州 1987 年通过了饮料罐回收法。在购买罐装饮料时，消费者已付出一定的押金。若想收回押金，必须将空罐交回回收部门。为方便回收，在车站、码头、机场等饮料空罐产生集中地设饮料罐回收机，空罐投入后自动退还押金。为了进一步回收空饮料罐和保护环境，加州还制定法律要求饮料经销商承担回收费用，规定交纳一定金额作为州饮料罐回收基金，由州的资源保护局控制使用。在美国的许多大城市，都制定了强制的垃圾分类回收法，要求必须将产生的垃圾按报纸、金属罐、玻璃瓶、塑料罐、杂物和庭院废物进行分类，如果抛弃垃圾时不分类则政府或私人不予收集，这对再生利用和处置十分有利。

美国在废铝和废钢铁回收利用上的经验具有一定的代表意义。为去除废铝中的杂质元素，美国研发了一些精炼新技术，如提升喷雾真空精炼法、气体喷射泵法。提升喷雾真空精炼法，是在熔池的底部安装喷射气口，上升的气泡因过压在顶部爆破，将液态金属喷入真空再回到熔池内。这样便提高了真空熔炼的效率，并有可能在 15 分钟内将 90% 的锰、锌和其他可挥发金属除去，同时也有去除气泡使铝均质化的作用。气体喷射泵法是利用一台离心泵和一根气体喷射管衔接，在产生的高速气流下进行精炼，效率高、去除杂质干净。用传统的方法通常炼好的铝锭块都沉在底部，这会降低回收率并使熔化受阻。美国采用 SAMS 系统，在熔化金属的环流泵的连接都安装一个套管式钻，从而提高热转换效率和回收率。另外，还发明了从炼铝厂浮渣中回收铝的装置和技术。

同时，废钢铁回收处理中，机械设备具有重要作用。美国拥有 40 多个

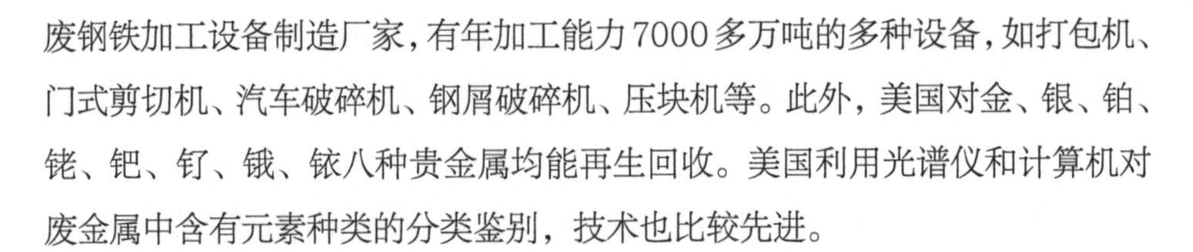
废钢铁加工设备制造厂家，有年加工能力7000多万吨的多种设备，如打包机、门式剪切机、汽车破碎机、钢屑破碎机、压块机等。此外，美国对金、银、铂、铑、钯、钌、锇、铱八种贵金属均能再生回收。美国利用光谱仪和计算机对废金属中含有元素种类的分类鉴别，技术也比较先进。

（2）俄罗斯

20世纪90年代初，在俄罗斯几乎看不到任何废金属。大部分废金属都出口到国外去，其后果是从2011年起俄罗斯遭遇了几年的废金属供应短缺。因此，为争夺废金属，俄罗斯的金属加工制造商动起了改善国内废金属回收链的脑筋，试图通过收购废金属料场或投资设备来提高回收效率。同时，为支持废金属进入俄罗斯，俄罗斯把废金属进口关税降到零。

俄罗斯废金属市场突出特点是集装箱装运的废金属仅占小份额。截至2012年，全俄罗斯仅有6家大型破拆厂在运营，大多数废金属料场和回收厂则是把剪切后的废金属通过火车直接运送到钢厂。在过去的15年里，俄罗斯已经成为废金属回收数量超过钢产品消费量的少数国家之一。

（3）日本

日本是一个大量产生废金属的国家，但因其经济条件与美国不同，又有其不同特点。日本工业发达而土地狭小，资源匮乏，劳工费用极高，环保要求严格，因而日本工业生产的材料利用率极高。日本加工产生废旧金属的特点是：工业生产边角料极其碎小；品种区分不规范，常常混杂堆放，不加分拣；质量不佳，几乎100%是低品质废料。相对而言，日常消耗性工业产品所产生的废五金所占比例较大，因而价格便宜。在日本本国，某些地区一些工业垃圾甚至不收费用，而且政府对废五金的出口还给予政策性的补贴，鼓励把大量废弃金属运出日本，一些出口商往往以工业垃圾形式用小型千吨散装船将工业垃圾运往中国等地。

（4）中国

由于市场需求强劲，中国有色金属产业的发展突飞猛进，中国已成为世界有色金属的生产和消费大国。目前，我国废钢铁回收率为 70% ~ 80%，废有色金属回收率约为 85%，加上全世界产生的废金属约 90% 进入了中国，这些废金属垃圾中含有大量有害物质，如果处理不当就会造成水、空气、土壤污染和动植物污染，形成一条危害生命安全的污染链。因此，我国在世界再生金属产业的发展中有着举足轻重的地位，据中国有色金属协会统计的相关数据显示，近 10 余年来，我国再生有色金属得到了快速发展，铜、铝、铅等十种再生有色金属年均增长率达 27% 以上。

3.3.2 废金属资源化利用技术

工业生产和社会生活中会产生大量的废金属包括废罐、废桶、废电线、废电缆等。据相关资料报道，钢产量的 45%、铜产量的 62%、铝产量的 22%、铅产量的 40%、锌产量的 30% 都来源于废金属的回收再利用，废金属的再生利用可降低能源消耗，节约大量投资费用。但是废金属中往往含有多种金属，前期不进行适当的分离，则会增加后续再生处理的难度和成本，因此前期的分离技术显得尤为关键，目前主要的分离工艺流程见图 3.18。

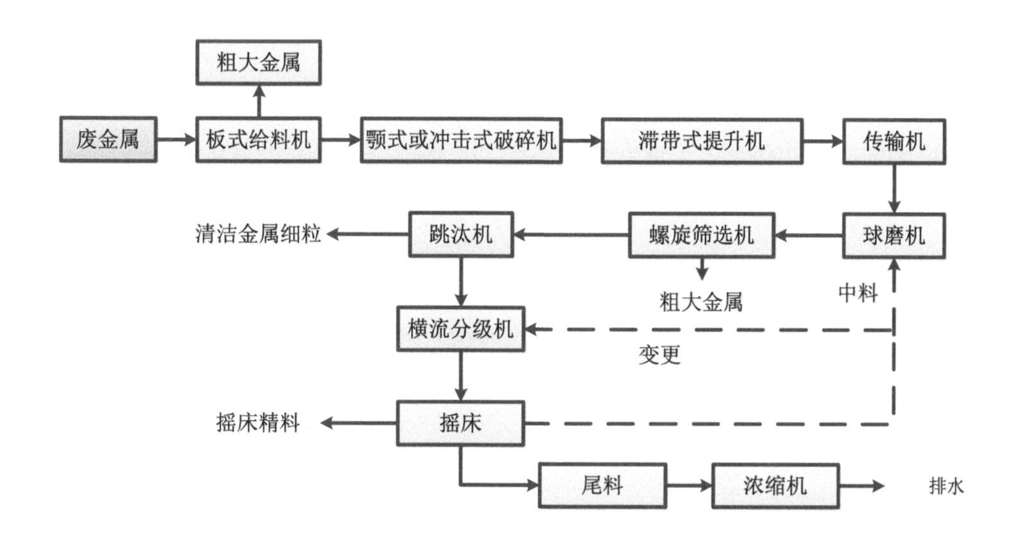

▶ 图 3.18 废金属分离工艺流程

（1）钢铁的回收

废钢铁属于黑色金属，具有很好的磁性，采用磁选法很容易将其从混合的杂物中分离出来。对于尺寸较大的废钢铁的回收，首先要加以剪切分割，再用破碎机做破碎处理，然后利用非物质件质量的差异分成轻重两部分，轻者由空气分级器和旋风分离器再次分成轻重两种不同成分，并分别加以处理，而重者则可以通过一级、二级磁性筛选过程将黑色金属从垃圾中分选出来，送往炼钢厂进行冶炼回收，至于非磁性金属和玻璃等废物则另行收集和处理或填埋处置。废金属分选具体工艺如图 3.19 所示。

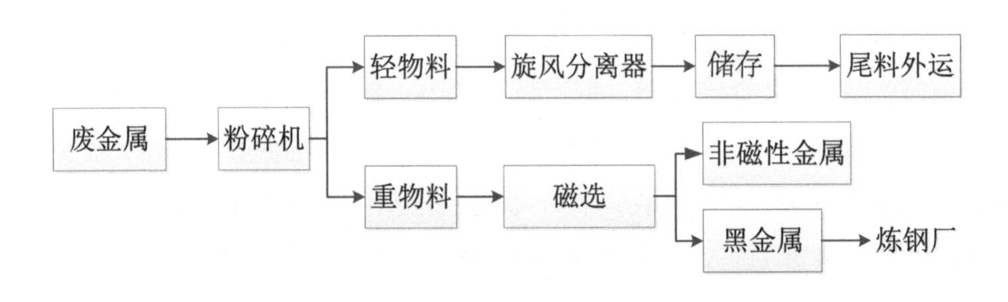

图 3.19　废金属分选工艺

（2）铝的回收

铝具有密度小、强度高、易回收利用等特点，被广泛应用于各个行业。废铝的回收工艺较多，主要有涡流分选、回转熔化炉提铝以及重介质分选等。

1）涡流分选

当导体置于变化的磁场中时导体会产生感应电流，而这种电流产生的磁场与外界磁场相互作用，在导体中产生涡流，并与磁场相互作用产生排斥力。由于所产生的涡流场强取决于其电导率的大小，所以可以将不同电导率的金属和非金属分离开来。

2）回转熔化炉提铝

回转熔化炉是利用各种金属熔点的不同分离分选金属的装置，它采用外部加热的方式，严格控制炉内的温度，使铝等熔点低的金属以液体的形式从回转炉的中部流出，而铁等熔点高的金属从端部排出。

3）重介质分选

利用金属和非金属的密度差异进行分离。首先要制备一种重液体（如硅铁粉等）作为悬浮液，密度在 2 ~ 3g/mL 为宜；然后将含有铝的混合废料投入这种悬液中，密度大的金属（如铁等）下沉，密度较小的金属铝会上升，从而实现不同密度金属的分离过程。

（3）铜的回收

铜废料按照来源不同，可分为新废铜料和旧废铜料。新废铜料是指铜加工厂和铜材使用单位在生产使用中产生的边角料，这类铜料成分比较单一，没有混入其他的材料，可直接送回铜加工厂和金属回收厂进行重熔。废旧铜料是指从社会上回收的废铜料，成分较复杂，大多都掺有其他金属或非金属材料，因此回收处理较困难。去除废旧铜料中的绝缘物是最复杂的工序，主要方法有机械法、化学法、低温或高温处理法等；也可以将废铜料整体切成碎屑，然后采用重力分级法将铜料（或其他金属颗粒）与质量较轻的绝缘体分开。而对于非电线形式的废铜料，如与其他材料的焊接头，则往往需要采取切、锯、熔等多种不同的手段进行分离，具体工艺如图 3.20 所示。

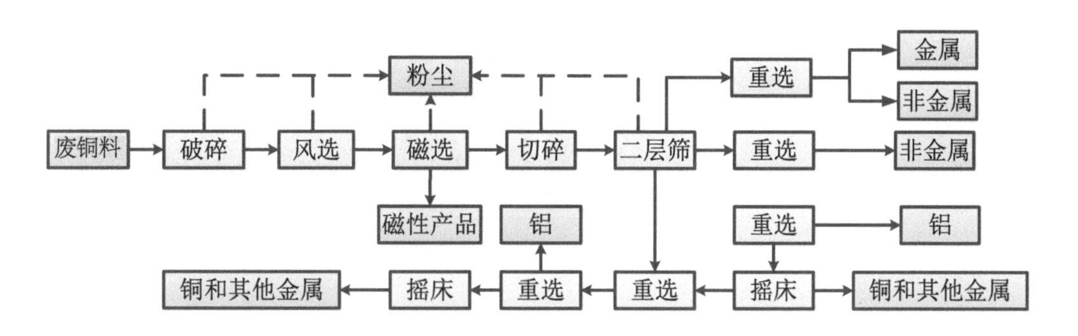

图 3.20　废铜料的精细分选工艺

（4）锌锰的回收

在日常生活中锌锰金属常存在于电池当中。常用的干电池是锌锰电池（又称锌碳电池）和碱性锌锰电池（又称碱性二氧化锰电池或碱锰电池）。由于碱性锌锰电池具有不易腐蚀、放电稳定、使用时间长等特点，因此碱性锌锰电池的使用量越来越大，目前约占世界一次干电池市场的3/4。然而废旧锌锰电池中含有汞、镉、锌、铜、锰等重金属，如果随意丢弃而不进行回收利用，会对环境和人体造成严重的危害，也会导致金属资源浪费。所以在绿色化学和环境保护热潮日益高涨的今天，从废电池中回收锌锰等重金属尤为重要。处理废电池的方法主要有人工分选、湿法处理和火法处理。

（5）直接回收利用

作为公交、地铁等公共出行交通方式的重要补充，共享单车解决了公共交通中“最后一公里”的难题，通过绿色、低碳、环保的出行方式，有效缓解了城市拥堵和道路交通污染问题，但随之而来也带来了大量报废的单车，各地频频出现单车“坟场”（见图3.21）。为实现在单车的全生命环节尽可能地优化资源利用、减少浪费，作为共享单车的引领者哈啰出行和摩拜单车纷纷推出了相关举措。

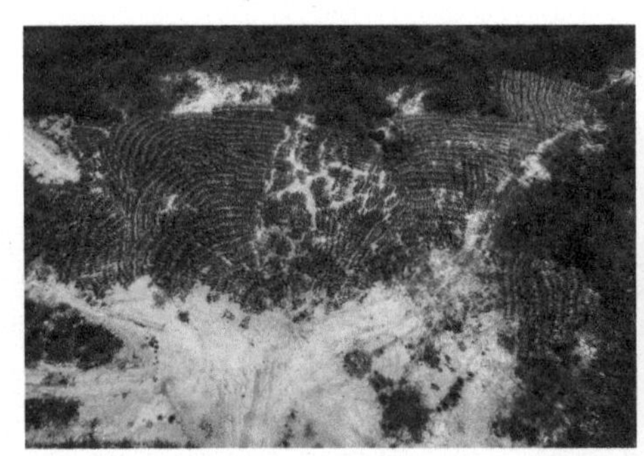
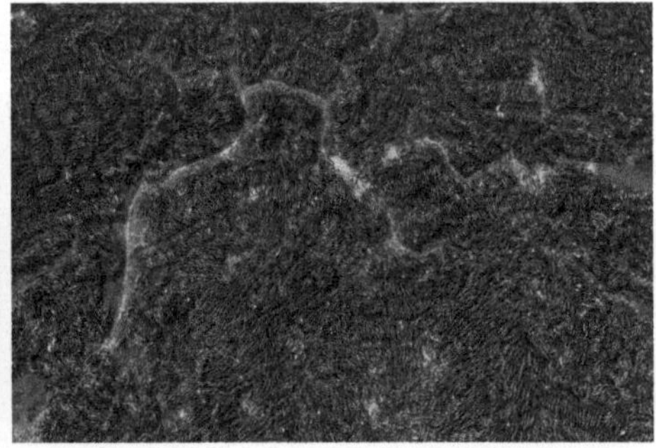

▶ 图3.21 单车坟场

其中哈啰出行在回收处理废旧、无法再骑行的单车这一问题上，从2016年9月成立之初就提出单车全生命管理系统解决方案，在车辆设计、生产、投放、管理、回收、再生等单车全生命环节贯彻国际循环经济中标准的“3R”原则，即Reduce（减量化）、Reuse（再使用）、Recycle（再循环），在单车的全生命环节尽可能地优化资源利用，减少浪费。

对于报废零部件，哈啰出行与专业合作商进行回收拆解及无害化专业化处理。以主体车架等金属材料为例，统一将其回炉做成金属锭或者金属产品再循环利用。同时哈啰出行还积极探索变废为宝，联合公益组织推出“废旧车轮变废为宝，给流浪动物一个家”等公益行动，向用户传递绿色有爱的生活方式。截至 2019 年 6 月，哈啰出行已回收再生处理车轮超 50 万条、车篮超 25 万个、车座近 7 万个。这也是哈啰出行连续第二年公开单车回收再生处理情况，持续积极践行企业社会责任，推动真正意义上的绿色、环保出行。见图 3.22。

▶ 图 3.22　待回收再生的哈啰单车

而摩拜单车为了尽可能地将报废单车进行再生利用，小至螺丝钉零部件，大到车架、轮胎进行全方位的研究，下面让我们来看看它们的闪亮之处吧（见图 3.23）。

（a）单车部件拆解

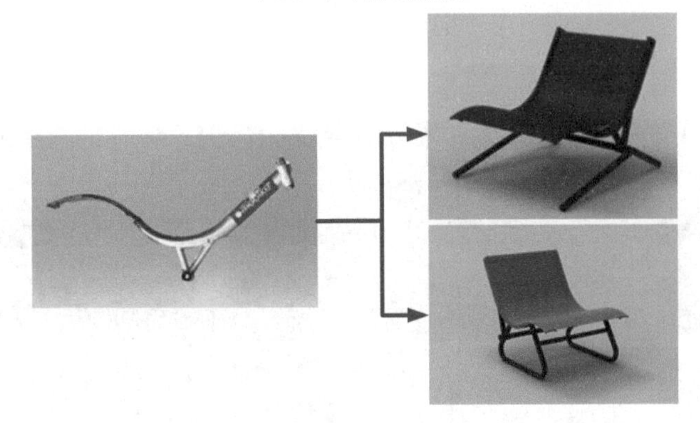

（b）车架制成工作椅

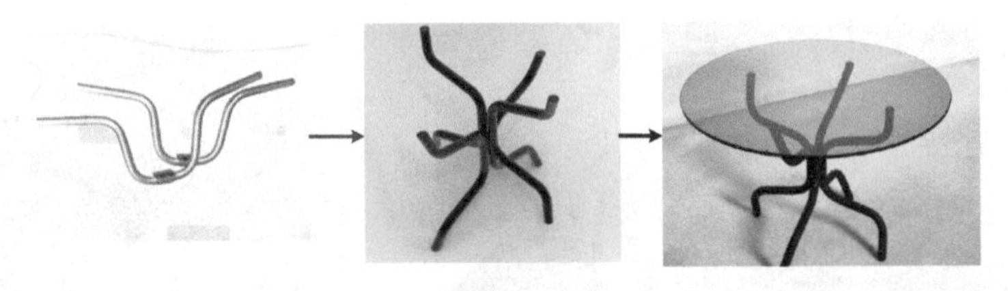

（c）车把改制茶几

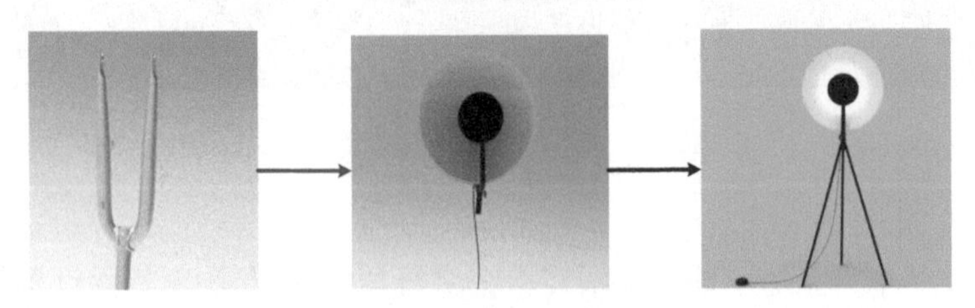

（d）前叉变立式灯

▶ 图 3.23　摩拜单车的各个小零件及再生利用

3.4 废玻璃

废玻璃的回收利用具备良好的经济价值与环保效益，能节约原料成本、降低能耗、提高融化率、延长玻璃窑炉的使用寿命，并且能减轻环境污染。据报道，每千克废玻璃熔制成1500℃玻璃液大约需要耗能1977千焦，而配合料熔制成玻璃液由于要经过一系列物理、化学复杂反应，热量消耗较大，熔制1千克（1500℃）玻璃大约耗热2608千焦，因此增加废玻璃的掺入量可大大降低熔制能耗，且每增加10%废玻璃，熔制耗热可节省2%～3%，废玻璃含量越高，能耗越低。同时，每使用1吨废玻璃，将减少氟化物排放量5.43千克、减少硫化物排放量16.69千克、减少氮化物排放量315千克，综合能减少50%的空气污染、20%的水污染、80%～90%的固体废弃物。

3.4.1 美国废玻璃利用

美国颇有特色的废玻璃利用体现在以下几方面。

（1）用废玻璃代替岩石集料

美国把大量废玻璃应用在建筑工业中，如在水泥块制品中用废玻璃代替岩石集料，用玻璃粉（见图3.24）代替黏土砖里的黏土矿物组分，它可取代昂贵的长石助熔剂，玻璃能增加黏土砖耐风化程度和黏土砖的强度，降低烧成温度，节省能量，减少成本。

▶ 图3.24　废玻璃研制的玻璃粉

（2）废玻璃应用于混凝土

美国也把废玻璃应用于混凝土中，许多研究表明含 35% 玻璃的混凝土，已达到或超出美国材料测试协会颁布的抗压强度、线收缩、吸水性和含水量的最低标准。已有许多方法可解决高碱水泥侵蚀玻璃集料的问题。用膨胀的玻璃集料替代玻璃碎片效果更佳。把掺有发泡剂的玻璃粉加热到玻璃熔化点，固化前气泡由混合物中逸出，球体上产生多孔结构，用控制泡形成量的方法可制成轻质集料，用轻质集料替代混凝土中的砂石，混凝土重量能减少 1/2 而不降低它的强度或其他所要求的性质。

（3）用碎玻璃制造玻璃塑料污水管

美国研制用碎玻璃制造玻璃塑料管（见图 3.25），把液态聚丙烯或聚酯、苯乙烯树脂注入模具，填充到碎玻璃形成的孔隙中，凝聚后管子从模具中取出再加工。测试结果表明碎玻璃聚合物复合材料管比水泥或黏土管的强度高 2~4 倍，有较强的耐化学腐蚀性和耐水性。用各种树脂和碎玻璃制造的大量管道、管材已在美国工业和水处理工厂成功投入应用。

▶ 图 3.25　玻璃塑料管

（4）用废玻璃和石料制造“玻璃沥青”

用 60% ~ 85% 的废玻璃和 15% ~ 40% 的石料代替沥青辅料，由于其热导率低，可在冬季用于路面维修和施工。最著名的“玻璃沥青”是以 30% 的沥青和 60% 的废玻璃碎块为集料的组合体。将回收的玻璃用于沥青道路的填料有许多好处：可将玻璃和石子、陶瓷材料混合使用，无需在颜色上进行分选，将玻璃废品和垃圾的处理场地设在修路设备附近，能节约填料运费等。美国和加拿大经过数年的试验证实，用玻璃作为道路的填料比用其他材料具有以下几个优点：车辆横向滑翻的事故减少了；光线的反射合适，路面磨损情况良好；积雪融化得快；适于温度低的地区使用。

（5）用碎玻璃生产建筑物装饰贴面材料

美国西加尔陶瓷材料公司研制成功用碎玻璃生产 2 平方厘米、厚 4 毫米的各色的贴面材料。先将碎玻璃压碎，碾成粒径为 1 毫米的粉粒；然后将粉粒与所需色彩的有机颜料混合，冷压成要求的形状；再将坯体放入加热炉，由于只需使坯体表层的玻璃粉粒软化，因而加热温度仅需 750℃即可。该产品是建筑物极好的贴面材料，也可用于装饰品和某些设备。

（6）用碎玻璃生产玻璃微珠路标反射材料

用碎玻璃生产玻璃微珠做路标反射材料十分普遍，几乎所有微珠都是用 100% 碎玻璃做的。美国每年用来做玻璃微珠的碎玻璃消耗在 5 万吨以上，居世界首位。

（7）用废玻璃生产泡沫玻璃和玻璃棉绝缘材料

美国利用废玻璃生产泡沫玻璃。把废玻璃粉碎后，加入碳酸钙、炭粉等发泡剂及发泡促进剂，混合均匀，装入模子，放入炉内加热，玻璃在软化温度时发泡剂产生气泡制成泡沫玻璃砖（见图 3.26），出炉、脱模、退火、锯成标准尺寸。接着做的试验工作是在玻璃料中使用云母作为发泡剂和结构成分。与泡沫玻璃、黏土砖和混凝土相比，玻璃 - 云母复合材料具有较高的强度和耐老化性，仔细控制最初的混合组分和反应，能使玻璃 - 云母复合材料制成多层和夹层产品起隔热（多孔层）和承重（致密层）的双重作用。

▶ 图 3.26　泡沫玻璃砖

3.4.2 瑞士废玻璃利用

瑞士以优美的自然环境闻名于世，非常重视环境保护。瑞士再生资源的回收起步早，运作十分成功，再生资源的回收率处于世界先进水平。根据瑞士环境、森林和风景局的统计，瑞士城市垃圾的回收率近些年一直保持在40%以上，塑料饮料瓶、铝质易拉罐、纸、玻璃的回收率都在70%以上，废玻璃回收率居世界首位。

在瑞士，各类回收协会负责管理再生资源的回收。1992 年瑞士 6 个回收组织 [FERRo 回收（锡皮）、IGoRA（家用铝制品）、INoBAT（家用电池）、PET 回收（饮料塑料瓶）、TExAID（纺织品）以及 VETR0 回收公司（玻璃）] 联合成立了“瑞士回收协会”。该协会致力于加强各个回收组织之间的联系，提供传播有关再生资源分类、回收、处理信息的公共平台。该协会所具有的独立性和专业性使之成为瑞士回收体系中的关键组织，负责与官方机构、政客、零售商和学校进行联系。

2003 年瑞士一共消费了 31.4977 万吨玻璃包装瓶，其中 30 万吨通过分类收集得到回收，回收率高达 95%（包括大约 5%的外包装材料）。在瑞士分类回收玻璃包装（空玻璃瓶和罐）已经进行了几十年，被公众广泛接受。

玻璃回收系统被称为“集中丢弃”体系，大多数玻璃瓶被送到公共收集点的玻璃瓶储存箱，在某些村镇有回收人员定期上门收集玻璃瓶。大部分收集的废玻璃被融化生产新的玻璃容器。约 1/3 的废玻璃在瑞士本国的玻璃厂里处理，1/3 出口到国外，剩余的则被碾碎并用在建筑业中，作为砂石的补充。用于建筑和绝缘材料以及制造成新玻璃瓶的旧玻璃的数量还在增加。

在瑞士，旧玻璃经过处理有很多用途，其中以回收的废玻璃为原料作为永久性的高强轻质集料用于建筑业十分成功而有效。瑞士以回收的废玻璃为原料、天然气为燃料，用回转窑生产质量要求较低的泡沫玻璃粒，其可以作为性能优越的隔热、防潮、防火、永久性的高强轻质集料。另外，科研机构在实验室利用树木锯屑和白黏土、玻璃粉（回收的废玻璃）进行比例混合，通过压制成型的方法制成了泡沫玻璃。据报道，科研人员还成功地用回收的废玻璃（玻璃粉）生产黏土砖；他们将玻璃粉作为助熔剂代替黏土砖里的黏土矿物组分。通常，玻璃能增加黏土砖耐风化程度和黏土砖的强度，当用玻璃粉作助熔剂时可降低烧成温度，节省燃料，降低成本，同时砖的产量提高 50%。

3.4.3 日本废玻璃利用

日本颇有特色的废玻璃利用体现在以下几个方面。

（1）用废玻璃制微晶玻璃

东京都立产业技术研究所开发出用碎玻璃瓶等城市废弃物生产微晶玻璃的再生技术。微晶玻璃的组成中碎玻璃瓶和混凝土渣占 95% 以上，再混以控制结晶的硫化铁、硫酸钠、石墨。通过玻璃化工序和结晶化工序进行制造，首先调和原料，然后再加热到 1450℃，在退火过程中生成微晶玻璃。这种微晶玻璃的主晶相为硅灰石，抗弯强度约 28 兆帕，是大理石的 1.65 倍，耐酸性约为大理石的 8 倍。

（2）用废玻璃制成玻璃微珠

日本开发出一种遇光变色的玻璃微珠。将回收的废玻璃瓶破碎成颗粒状，利用着色黏结剂着色并采用荧光发色、蓄光性夜光技术制成马赛克或艺术品。当制品遇到光后，其色彩随着光照射角度、照射明亮度的变化会发生梦幻般的变化。

（3）用废玻璃生产吸声板

日本的新日铁化学公司利用废玻璃生产出硬质吸声板。与陶瓷硬质吸声板相比，不仅价格降低 1/2，质量减轻，而且强度得到提高。该板是用废玻璃制轻质球形颗粒制成的。每平方米重 5 ～ 10 千克，重量是一般瓷系硬质吸声板的 25% ~35%，而抗弯强度提高了 1 倍，吸声性能却相同。

（4）用废玻璃生产建筑涂料

日本环境商务风险投资单位下属的常总木质纤维板公司，成功开发出一种混有废玻璃的廉价涂料，现已应用于道路、建筑物、居室墙壁、门用涂料等方面。使用这种混有废玻璃涂料的物体，如受到汽车灯或阳光照射就能产生漫反射，具有防止事故发生和装饰效果好的双重效果。其生产方法是将回收的废弃空玻璃瓶破碎。磨去棱角加工成安全的边缘，成为与天然砂粒几乎相同形状的废玻璃，然后与数量相等的涂料混合均匀而制成。据悉，日本目前全社会的废玻璃平均回收率接近 80%；日本以往每年约有 140 万吨空玻璃瓶未经再生利用而被掩埋，如今用回收的废玻璃生产建筑涂料是废玻璃再生利用的有效途径之一。

（5）环保轻石

日本得力冰高新科技株式会社历经 15 年研发，研制出用废玻璃生产环保轻石（见图 3.27），其在日本得到了广泛应用，其废玻璃再生资源化生产线采用全自动体系，只要把废玻璃投入机器中，生产线会自动进行破碎、粉碎、筛选颗粒、混合搅拌、高温烧成，最终生产出环保轻石。据悉，该设备可每天 24 小时连续运转，每小时处理废玻璃 1 吨，每吨废玻璃可产出环保轻石约 4 立方米。其可用于制造隔热环保建材、园艺绿化储水、土木工程建设、农业土壤改良、水质净化材料。

▶ 图 3.27　废玻璃研制的环保轻石

3.4.4 中国废玻璃利用

我国现阶段废玻璃的回收利用可以分为自身的循环利用与其他领域的应用两大类。

废玻璃自身的循环利用就是将其重新投入玻璃熔窑再造玻璃，这是我国主要的回收利用方式，废玻璃主要是投入日用玻璃、玻璃包装容器、平板玻璃中去。日用玻璃是使用废玻璃量最大的行业，2011 年 1 ~ 12 月，全国日用玻璃制品的产量达 1373.68 万吨，日用玻璃行业的废玻璃年使用量大约 250 万吨。玻璃包装容器行业的产能大约为每年 600 万吨，废玻璃消耗大约 120 万吨。制造平板玻璃是消耗废玻璃的另外一个重要的领域，2011 年 1 ~ 12 月，全国平板玻璃的产量达 7.38 亿吨，废玻璃消耗量大约 738 万吨。

废玻璃在其他领域中主要是用于生产玻璃微珠、玻璃马赛克、彩色玻璃球、玻璃面、玻璃砖、人造玻璃大理石、泡沫玻璃等，在整个废玻璃利用上所占比例比较小。常见废玻璃再生工艺如图 3.28 所示。

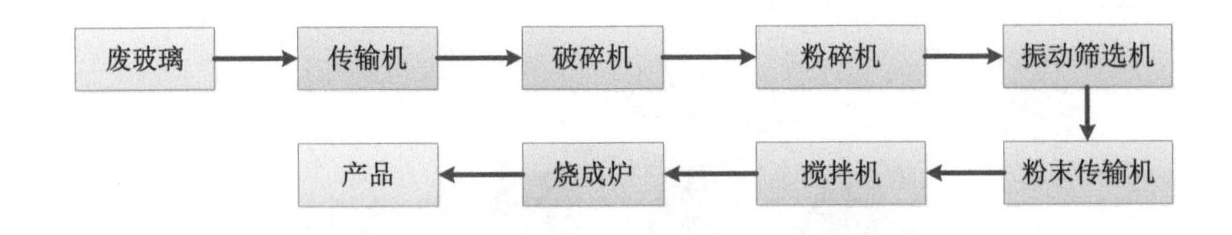

▶ 图 3.28　废玻璃再生工艺

（1）作为玻璃原料

废玻璃经过收集、分选、加工处理后作为生产玻璃的原料，这是废玻璃回收利用的主要途径。此方法可用于对化学成分、颜色、杂质要求较低的玻璃制品的生产，如有色瓶罐玻璃、玻璃绝缘子、空心玻璃砖、槽形玻璃、压花玻璃和彩色玻璃球等玻璃制品。采用此方法对废玻璃进行再利用，可节约相当数量的硅质原料、纯碱和标煤，可大大降低生产成本，提高经济效益。

（2）再生面砖

以废玻璃为原料，经破碎后掺入适量的可塑性黏土料成型后，在950 ~ 1050℃下烧结 180 ~ 210 分钟可制得生产建筑面砖，该产品具有耐酸碱、高强度、不易褪色和抗老化等优点。采用玻璃可生产质地坚硬、机械强度高、化学稳定性和热稳定性好的微晶玻璃，微晶玻璃兼具玻璃、陶瓷的共同优点，是近年来国内外流行的建筑装饰材料。采用废玻璃还可制造玻晶砖装饰建材。该工艺的主要流程为将废玻璃破碎后，加入少量黏土等原料，经过成型、晶化、退火等工序，制成新型环保节能材料玻晶砖。采用此工艺生产的玻晶砖成本低于其他同类产品，其产品性能与烧结法微晶玻璃相当，其使用寿命比含有机物的人造石或石塑板长，而且比陶瓷砖和花岗岩容易清洁。

废玻璃还可用来生产耐急冷急热、耐酸碱腐蚀、不易变形、不褪色、不积尘的玻璃马赛克。以废玻璃为原料生产玻璃马赛克一般采用烧结法或熔融法。玻璃马赛克可广泛用于游泳池、影剧院、游乐场、家具卫浴、舞厅、酒吧、俱乐部等的建筑物墙面。

（3）制釉砂

在陶瓷釉中，应用废玻璃取代价格昂贵的熔块及其他化工原料制成人工彩色釉砂，不仅可以降低釉的烧成温度，降低产品的成本，而且还提高了产品的质量。利用彩色废玻璃制作釉料具有玻璃质的色泽，质地柔和，耐候性好；而且还可减少甚至不需再加着色剂，这样着色金属氧化物的用量减少，釉料的成本进一步降低。

（4）生产泡沫玻璃

泡沫玻璃是一种轻质、保温、吸声，具有防火性能的优质建筑和包装材料，可用于高层建筑、远洋货轮、冷冻库、干燥室的天花板、侧墙和间壁，起保温及隔声作用。以废玻璃为主要原料生产泡沫玻璃的工艺流程为：废玻璃经过洗涤干燥后进行粗碎，然后与发泡剂、改性添加剂及发泡促进剂等一起放入粉磨设备，经过细粉碎和均匀混合后，将泡沫玻璃配合料均匀地撒在准备好的耐热钢模具中，然后将模具送入加热炉中加热，经过高温熔化玻璃，在软化温度的条件下，掺加发泡剂形成气泡，经退火后制成泡沫玻璃（见图3.29）。

▶ 图3.29　泡沫玻璃

（5）再生玻晶砖、微晶玻璃

以废玻璃为主要原料生产的墙地面装饰板材以及道路和广场用砖是一种环保型绿色建材，称为玻晶砖（见图 3.30）。它可具有仿玉或仿石两种质感。这种新材料的性能优于粉煤灰水泥砌块、水磨石、陶瓷砖，与烧结法微晶玻璃（也称微晶石或玉晶石）相当。它的莫氏硬度可达 6，远高于水磨石，因而它的使用寿命比水磨石或石塑板要长得多；它的抗折强度为 40~50 兆帕，远大于陶瓷砖，由于它的孔隙率比花岗岩小得多，因而更易清洁，而且色差小，无放射性，较好地解决了困扰花岗岩乃至陶瓷砖作外墙或地面装饰时“吸脏”难题。由于其利用废物、能耗低、工艺流程短和投资小，所以生产成本较低。

▶ 图 3.30　玻晶砖

（6）生产玻璃棉

采用废玻璃生产玻璃棉是将干燥好的废玻璃作为主要原料，加入一些硼砂、纯碱等化工原料，投入玻璃熔化炉中熔化，熔融好的玻璃液体从漏板流出，借助外力被喷吹成絮状细纤维。细纤维经集棉输送带收集成棉层，经固化后，制成软质卷毯、半硬板或硬板。玻璃棉（见图 3.31）是玻璃纤维的个类，具有成型好、容重小、热导率低、吸声性能好、保温绝热、耐腐蚀、化学稳定性好的特点，玻璃棉是建筑吸声最常用的材料之一。

▶ 图 3.31　玻璃棉保温材料

（7）生产玻璃微珠

玻璃微珠是近年来发展起来的一种用途广泛、性能特殊的新型材料，如图 3.32 所示。玻璃微珠具有光学性能好、隔声性好、高分散、球形透镜特性好、强度高、滚动性好、热导率低、质轻、化学稳定性良好等优点，已广泛用于城市交通标志的夜间反光装置、汽车牌号回射幕布、航空航天机械的除锈、喷吹技术、填充材料、保温材料等领域。

以废玻璃为主要原料生产玻璃微珠，一般采用一次成型法和烧结制球法两种方法。一次成型法是将处理好的废玻璃在玻璃窑炉中熔化成玻璃液，通过吹、喷、抛等方法而制得玻璃微珠，采用此种方法可生产出实心和空心两种微珠。烧结制球法只能生产实心微珠。

▶ 图 3.32 玻璃微珠

（8）生产混凝土集料

废玻璃可代替岩石集料、石灰石等作为混凝土的集料，该集料具有隔热、防潮、防火、永久性等优点。瑞士已成功地将回收的碎玻璃作为永久性的高强轻质集料用于建筑业。德国公司研制出一种用废玻璃生产的轻砂制作轻混凝土，这种轻砂是用磨碎的玻璃在转炉中烧结膨胀而成的。

3.5 废旧织物

目前市面上大部分衣物主要材料为化学纤维、棉麻。只有 10%左右的衣物可以捐赠，而且必须要进行彻底消毒和清理，要进行严格的控制和把关。至于大部分达不到捐赠条件的旧衣服，则会根据分类收集和特殊的处理方式，粉碎加工后进行二次利用，制成工业毛毡、防水油等，变废为宝。据相关报道，每年产生的废旧织物中 18% 可用于再生工业生产原料，22% 用于农业生产保温物资，15% 用于环保布艺劳保用品，45% 则流入非洲等不发达地区；50% 以上的旧衣服被加工成再生材料。下面介绍国内外废旧织物回收处理的具体情况。

3.5.1 美国废旧织物利用

美国联邦商业委员会将废旧纺织品的处理纳入国家政策，市政、慈善机构、非盈利机构、中小学、品牌服装企业、废旧纺织品回收企业都参与对废旧纺织品的回收。他们采取各式各样的方式来回收废旧纺织品，如民众将废旧衣物等放入特制的垃圾袋，由专车统一收集；不少服装零售商也在商场设置回收箱；还有慈善商店回收（见图 3.33），并低价再销售较新的旧服饰。其中美国地毯消费量很大，回收量也很大，2010 年，美国全年的废旧地毯回收再利用量达到 54.5 万吨，其中翻新使用 9.6 万吨，42.2 万吨转化为其他产品，2.7 万吨用于火力发电。

▶ 图 3.33　废旧织物回收店

据美国环境保护署统计资料显示，1960 年，废旧纺织品约占城市固体垃圾的 2%；随后逐年提高，进入 21 世纪，占到 4% 以上；从 2008 年至今，占比在 5% 以上。2012 年，美国消费者共产生废旧纺织品 1433 万吨，回收利用率 15.7%，实际抛弃量达 1208 吨。美国废旧纺织品的回收再利用以直接穿用为主，再利用废旧纺织品中，50% 以上是直接穿用的，30% 被加工成工业抹布，20%被开松成纤维后加以利用。

3.5.2 英国废旧织物利用

在英国，环境、食品和乡村事务部每年会对 200 万吨的服装生命周期进行调查，并对英格兰和北爱尔兰 116 万吨的纺织垃圾进行评估。英国废旧纺织品的回收渠道是多样化的，包括通过各种慈善机构采取上门回收，建立纺织品回收站，在闹市区设立慈善点以及街边回收箱。能卖的旧衣物留在店里，剩下的送到专业机构进行分类处理再销售。废旧纺织品回收利用途径见图 3.34。

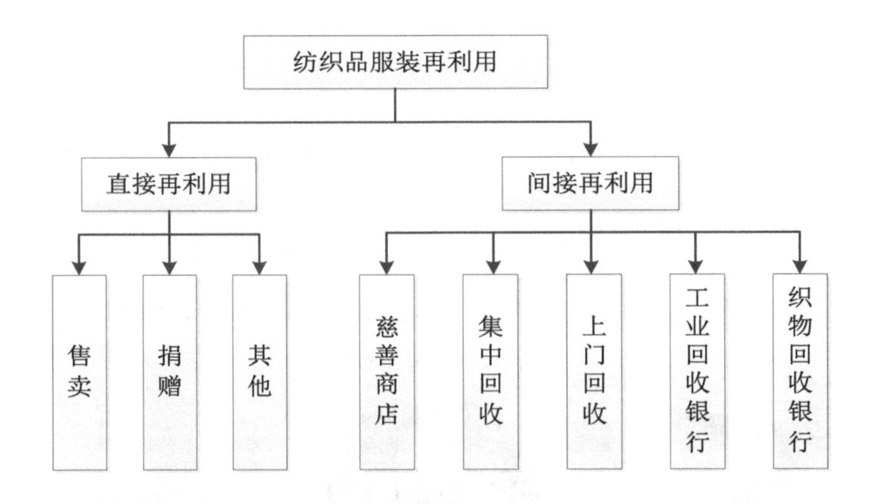

▶ 图 3.34　英国纺织品回收利用途径

2007 年英国纺织品服装消费量达 203.6 万吨，其中，服装消费量为 125.1 万吨，而家庭废弃的纺织品服装总量高达 53.99 万吨。由于英国的回收体系比较完善，每年纺织品服装回收率高达 90% 以上，其中回收的服装 67% 被再销售、再利用，27% 被作为再生纤维生产原料循环利用，仅 6% 被作为垃圾填埋处理。其中建于 1903 年的内森废旧回收公司是英国最大的公司，该公司从慈善店（见图 3.35）收集废旧衣物，设立超过 1000 多个纺织银行，每周要分类并处理超过 35 万吨的材料，98% 被循环再利用。2003 年英国纺织品回收 30.3 万吨，其中 4.1 万吨的服装用于再销售，17.4 万吨的服装出口到海外，其余被作为垃圾进行焚烧和填埋处理。

▶ 图 3.35　英国废旧织物回收站及回收箱

随着科学技术的不断发展，更多新的再利用途径也在逐渐被开发尝试，如英国利物浦的生态学家正在研究如何利用回收的碎布来种植各类花草，用于城市绿化、室内美化，以降低绿化成本，同时减少垃圾填埋。见图 3.36。

▶ 图 3.36　废旧地毯上生机勃勃的绿植

3.5.3 日本废旧织物利用

日本 2001 年完全实施《循环型社会形成推进基本法》，要求当化学回收和材料回收不可能时才实施热回收。据日本经贸工业部报道，2009 年日本有 22.1% 的服装和其他纤维产品获得回收利用，在许多服装零售店都设有专门的柜台用于回收旧衣，成色新的提交给联合国难民署；失去使用价值的则用来生产绝热材料或重新制成纱线，进而生产手套和毯子。一些服装品牌，如优衣库，启动品牌内部回收项目，对消费过的服饰进行回收，如图 3.37 所示为优衣库的废旧衣物回收店及宣传牌。

▶ 图 3.37　优衣库废旧衣物回收店及宣传牌

目前日本回收的旧衣物循环利用的技术主要有三种，分别是物质循环、化学循环和热循环。

1）物质循环

物质循环就是将旧衣物通过物理方法转换成原料再次利用，日本回收的旧衣物中有1/2将会进入物质循环，主要是转化成废布原料、再生毛原料、制服、工作防护手套、汽车内饰等。

2）化学循环

化学循环则是用化学方法，使旧衣物还原成原来的原料。日本东丽集团将不要的尼龙制品再生成尼龙原料，而帝人集团则将聚酯纤维还原成聚酯纤维原料。还有一种化学循环利用的方式是将回收的旧衣物通过化学手段制成燃料乙醇、焦炭和烃油等制品。这一方法最先在2010年由日本政府牵头实施，现在主要由企业自主实施。2011年，在将旧衣物制成燃料乙醇的技术的基础上，将其燃烧生成燃气，并提炼出乙醇。这一技术对旧衣物的材料、形态没有要求，为未来旧衣物的循环利用打开了新的局面。

3）热循环

热循环是指将旧衣物燃烧后将其燃烧产生的热能回收利用。无论什么材料的旧衣物都可以作为垃圾通过燃烧产生热能，作为化石燃料的替代品使用。

3.5.4 中国废旧织物利用

废旧纺织品由化学纤维、天然纤维等多种纤维成分以单一或混纺形式构成，且含有染料、颜料、助剂及各种污染物；此外，还有不同材质的拉链、纽扣等多种辅配件。废旧纺织品构成上的复杂性是其准确分拣和高附加值再利用的最大障碍。虽然服装中经常使用的纤维成分有十几种，但从每年各类主要纤维品种的消耗情况看，突破废旧涤纶、棉、羊毛等主要纤维及其混纺织物的高附加值回收再利用技术瓶颈，是当前我国废旧纺织品综合利用领域的最重要任务。

我国是纺织服装产品的重要设计、制造、消费和贸易中心，因此也必然是废旧纺织品的主要产生地。据中国资源综合利用协会的统计数据显示，我国每年都会产生大约31亿件旧衣服，这些衣服很大一部分或被直接丢弃或被焚烧，其中大约有2600万吨旧衣服被扔进垃圾桶进入回收站（见图3.38）。2016年，废旧纺织品综合利用量约为360万吨，综合利用率约为18%。据测算，如果我国废旧纺织品综合利用率达到60%，年可产出化学纤维940万吨、天然纤维约470万吨，相当于节约原油1520万吨，节约耕地1360万亩，将有效缓解纺织工业资源紧缺问题。

▶ 图3.38 废旧织物回收箱及回收分拣站

目前我国废旧纺织品主要通过二手服装外销、物理法、化学法和能量法等方法来实现在服装、农业、建材和能源等领域的再利用，其中二手服装的外销约占30%，物理法再利用约占50%，化学法再利用约占10%，能量及其他方法再利用约占10%。

第4章

其他垃圾资源化利用

4.1 国内外焚烧概况

分类后的其他垃圾一般运往填埋场或焚烧厂，其中焚烧厂发电、供热是实现其他垃圾资源化的主要方式。

城市生活垃圾焚烧技术发展至今已有 100 余年的历史，它是将垃圾在高温条件下快速氧化燃烧，实现垃圾的减量化、资源化和无害化。焚烧法与垃圾填埋相比有较大的优势，焚烧法减容、减量效果明显，体积、质量分别可缩减到原来的 8% ~ 12% 和 15% ~ 20%，在很大程度上节约了土地，如图 4.1 所示。

▶ 图 4.1 生活垃圾焚烧减容、减量效果显著

同时，垃圾焚烧发电不仅占地小，可以高效、快速地消耗我们每天产生的大量垃圾，还在能源回收利用方面起着重要作用。现今垃圾焚烧发电技术

已经趋于成熟，根据前瞻产业研究院发布的《垃圾焚烧炉》调研结果显示，目前全球共有2000多座垃圾焚烧厂，其主要分布在欧洲、日本、美国等发达国家和地区。其中中国投产垃圾焚烧发电项目339个，年垃圾处理量约10118万吨，全国并网装机容量725万千瓦，年上网电量375亿千瓦时，每吨生活垃圾发电量在250～400千瓦。图4.2所示为生活垃圾焚烧发电厂电网设施，通过这一设施源源不断地将产生的电输送到电站，再分流输出到居民家中、企业、工厂等地。

▶ 图4.2　生活垃圾焚烧发电厂电网设施

4.1.1 国外情况

较早出现的焚烧装置是1874年和1885年分别建于英国和美国的间歇式固定床垃圾焚烧炉。随后，德国于1896年、法国于1898年、瑞士于1904年相继建成城市生活垃圾焚烧炉。20世纪初，欧美一些工业发达国家开始建设大规模的连续式垃圾焚烧炉。从20世纪70年代初到90年代末的近30年间，由于世界经济和技术的高速发展、城市建设规模的日益扩大、城市人口数量的剧增，致使城市生活垃圾产量也快速递增，原来的垃圾填埋场日益饱和，而新的垃圾填埋场地又难以寻找，采取垃圾燃烧方法，可使生活垃圾减容 90%左右，最大限度地延长现有垃圾填埋场的使用寿命。

此外，随着人们生活水平的不断提高，生活垃圾中可燃物、易燃物的含量大幅度增长，提高了生活垃圾的热值，为生活垃圾燃烧技术的应用和发展提供了必要条件，故此是生活垃圾燃烧技术发展最快的时期。凡是国土资源比较紧张、人口密度比较高的国家和地区，城市生活垃圾采用焚烧处理技术的比例就较高。在日本、荷兰、瑞士、丹麦、新加坡等国家和我国台湾地区，焚烧已成为垃圾处理的主要手段，图 4.3 所展示的为新加坡超级树公园垃圾焚烧发电厂，该电厂位于超级树公园地下，用于焚烧树叶等生物质，焚烧电厂产生的烟气则通过超级树的管状物进行排放，该电厂可供市民近距离观赏，仿佛置身于公园之中。

▶ 图 4.3　新加坡超级树公园垃圾焚烧发电厂

日本在 1924 年建成了位于东京的首座垃圾焚烧厂。到 2002 年，日本生活垃圾焚烧量达到 4031.3 万吨，占生活垃圾总量的 78.4%；直接填埋处理的仅有 4.3%，堆肥处理约为 0.1%，其余为回收资源化处理。据《2013 年日本垃圾焚烧全报告》相关内容显示，日本垃圾焚烧厂数量多达 1200 多座，但只有 1/2 的焚烧厂处理能力高于 100 吨 / 天，22% 的焚烧厂不足 30 吨 / 天。2011 年，日本只有 26% 的焚烧厂发电，其中最大名古屋市新南阳垃圾焚烧处理厂，装机容量 1500 吨 / 天，发电设备装机容量 27000 千瓦，平均每吨垃圾产生的热能转换为 432 千瓦时的电能，而日本的焚烧发电厂平均吨垃圾发电量为 213 千瓦，发电率仅有 11.73%，远没有达到政府所规定的高效发电（发电率 23%），导致焚烧发电厂产生的电力甚至不足以维持厂区运转，因此，日本大部分焚烧厂只是利用焚烧余热为附近地区供暖。图 4.4 为日本比较有名的城堡式生活垃圾焚烧发电厂。

图 4.4　日本城堡式生活垃圾焚烧发电厂

德国目前已有50余座从垃圾中提取能量的装置及10多家垃圾发电厂，并且用于热电联产，有效地对城市进行采暖或提供工业用气。1965年，联邦德国垃圾焚烧炉只有7台，年处理垃圾71.8万吨，可供总人口4.1%的居民用电；至1985年，焚烧炉已增至46台，年处理垃圾800万吨以上，占垃圾总数的30%，可供总人口34%的居民用电；柏林、汉堡、慕尼黑等大型城市中，居民用电的10%~17%来自垃圾焚烧发电，1995年，德国垃圾焚烧炉达67台，受益人口的比率从34%增加到50%。图4.5为德国现代化生活垃圾焚烧发电厂。

图4.5　德国现代化生活垃圾焚烧发电厂

法国有垃圾焚烧厂近300座，可将城市垃圾的40%以上处理掉。其中巴黎有4座，年处理量为170万吨，占全市垃圾总量90%，回收的能量相当于20万吨石油，供蒸汽量占巴黎市供热公司总量的1/3。图4.6为法国第三大城市马赛的固体废弃物综合处置基地，其每年处理43.9万吨城市生活垃圾和1万吨污泥，处置方式包括沼气发电、垃圾焚烧发电、包装物处置、污泥处置等，为66万居民提供城市废弃物管理、回收和开发利用的精细化处置服务，该基地配置了专用生活垃圾清运火车。

▶ 图4.6 法国先进的生活垃圾焚烧发电厂及垃圾清运火车

美国第一座垃圾焚化炉于1885年建于纽约州的长岛。20世纪初，美国许多城市都相继兴建城市垃圾焚烧厂，到第二次世界大战前，美国共计建设了约700座焚烧炉。第二次世界大战后，随着经济复苏，城市垃圾产量迅速增加，垃圾焚烧处理得到进一步发展，美国从20世纪80年代起，政府投资70亿美元，兴建90座焚烧厂，年总处理能力3000万吨。随着垃圾焚烧烟气处理逐步受到重视，特别是烟气处理技术不断进步，余热利用系统和尾气处理系统得到进一步完善，垃圾焚烧厂的控制水平得到提高。2015年，美国生活垃圾焚烧发电项目有71个，总处理能力8.6万吨/天，总装机254.7万千瓦。到了2018年，美国运行的垃圾焚烧发电厂有75座，日处理能力总计达9.42万吨，焚烧生活垃圾量2928万吨，约占生活垃圾产生量的12%。常见的美国大型生活垃圾焚烧发电厂见图4.7。

▶ 图4.7　美国大型生活垃圾焚烧发电厂

随着城市化进程的不断推进，世界各地大中城市、特大城市数量不断上升，城市人口的急剧增加必然会产生大量的生活垃圾，以往的中小型焚烧厂已无法及时消纳它们，因此各国开始不断扩大焚烧的设计规模及数量，以应对日益增加的生活垃圾，同时随着焚烧技术的不断创新、完善，超大规模的焚烧发电厂也不断出现。如图4.8所示。为中国天楹为越南河内设计的日处理生活垃圾量达4000吨/天的焚烧发电厂，其为全球第二大焚烧发电项目；其采用了世界领先水平的Waterleau水平往复式机械炉排焚烧炉技术和烟气处理技术，排放指标优于欧盟的2010标准。

▶ 图 4.8 越南河内生活垃圾焚烧发电厂

4.1.2 国内情况

我国生活垃圾焚烧技术的研究起步于 20 世纪 80 年代中期，“八五”期间被列为国家科技攻关项目。1988 年，我国第一座现代化垃圾焚烧厂——深圳市市政环卫综合处理厂正式投入生产，它是我国引进日本三菱重工成套焚烧处理设备（焚烧炉采用马丁逆向往复炉排）建成的第一座现代化焚烧厂，由 2 台日处理能力为 150 吨的焚烧炉设计而成，可处理深圳市 25%的垃圾，其发电设备为德国西门子系统，装机容量为 3000 千瓦，发电量可满足厂区 70%的需要。同时该厂于“八五”期间进行了扩建与技术改造，增建了国产化的 150 吨 / 天的三号炉，并提高了锅炉及发电容量，使按垃圾热值计的电能热回收率达到 10%左右（扩建前为 5%左右）。

在我国，早期由于受经济条件的限制及我国生活垃圾组成特点的制约，焚烧技术在我国主要用于单个企业处理各自产生的工业废弃物（垃圾）和医院处理其产生的医疗垃圾，且大部分是处理能力小于 10 吨 / 天的小型焚烧炉。我国生产小型焚烧炉的企业已有 30 多家，主要分布在北京、武汉、广州、江苏、河南、辽宁、山东等地，而专门生产焚烧炉的企业较少，大多属于机械制造厂的附属产品，国内各企业已投入使用的小型焚烧炉数量尚无确切的统计资料，大多数分布在化工、食品和医药及医院等行业。

“十一五”以来我国经济发展和居民消费结构不断调整，生活垃圾产生量逐年增加，已从“十一五”初期的 21107 万吨快速增长至 2017 年年底的 28268 万吨，增幅 33.9%。作为城市生活垃圾处理的重要技术工艺，近十年来焚烧产业快速发展。截至 2017 年年底，我国（设市城市与县城）已建成垃圾焚烧设施 352 座，设施占比 15.2%，总处理规模 331442 吨 / 天，占无害化处理设施能力的 37.4%，年焚烧垃圾 9321.5 万吨，占无害化处理总量的 34.3%。与“十二五”末期相比，在焚烧设施、焚烧处理能力和焚烧处理量上分别实现了 37.0%、40.9% 和 41.7% 的增长。

同时，为了消除“邻避效应”，大力推行生活垃圾焚烧发电技术，国家和焚烧发电企业共同打造了一些花园式高品质示范项目，如中国天楹为海安市量身定制的焚烧发电厂（见图 4.9），不仅绿色、节能、环保，还荣获了建设工程最高奖项——鲁班奖，同时该焚烧发电厂还一直作为环保教育基地，供中小学生及广大市民参观、学习。

▶ 图 4.9　海安市花园式生活垃圾焚烧发电厂

随着垃圾焚烧发电技术在我国的不断发展、创新，目前，国内单次投产规模最大的，也是全球最大的垃圾焚烧发电厂（见图 4.10），已于 2019 年投入运行，上海老港再生能源利用中心一、二期工程总焚烧处理生活垃圾为 300 万吨 / 年，可处理上海市居民年产生垃圾总量的 1/2，年发电量将达到 9 亿千瓦时，相当于上海全域居民 3 天的用电量。

▶ 图 4.10　全球最大的生活垃圾焚烧发电厂——上海老港生活垃圾焚烧发电厂

4.2 炉渣的资源化利用

炉渣是在垃圾焚烧过程中产生的，约占焚烧垃圾量的 20%，其主要是由熔渣、玻璃、陶瓷和砖头、石块等组成的非均质混合物，还有一定量的塑料、金属物质和未完全燃烧的纸类、纤维、木头等有机物，实物如图 4.11 所示。一般情况下，粒径大于 20 毫米的焚烧炉渣大颗粒组分主要以陶瓷、砖块和铁为主,而粒径小于20毫米的小颗粒焚烧炉渣组分则主要以熔渣和玻璃为主。原状炉渣呈黑褐色，风干后为灰色，含水率为 10.5% ~ 19.0%，自然堆积密度为 0.86 吨 / 立方米，振捣实密度则为 1.05 吨 / 立方米。焚烧炉渣有刺激性气味，像臭鸡蛋，久闻有眩晕感。但是炉渣属于一般废弃物，它从炉中落入输送机，经过降温后送至炉渣堆放处，经过加工处理后，可作铺路、制砖的辅料，进行再利用。

▶ 图 4.11　炉渣

（1）制作建材原料

炉渣可以用作道路柔性路面基层和底基层材料，与传统碎石材料相比，炉渣是优异的高致密替代碎石材料。当炉渣代替原始材料作为基层材料时，不会有额外的能量消耗或物料消耗。目前，大粒径炉渣（15 毫米以上）可作为路基集料直接应用于市政道路工程；以 2~15 毫米炉渣为集料，2 毫米以下为粉料并以水泥为黏合剂可制备混凝土实心免烧砖，如图 4.12 所示。此外，炉渣可进行深加工使其粒径更细，在粒径尺寸、强度、金属含量及泥土含量达到相关标准后可送往搅拌站生产商用混凝土，也可替代粉煤灰作为生产水泥的原材料。

▶ 图 4.12 炉渣制砖

（2）筛分金属再生

炉渣中的废旧金属主要为铁、铜和铝等（见图 4.13），通常可回收金属含量为 5%~8%，具有一定的资源化回收价值，往往通过回收处理再次利用。夏溢等对生活垃圾焚烧炉渣中有价金属铁、铝、铜的可回收性进行了研究，结果显示生活垃圾焚烧炉渣中铁的磁选回收率为 14.8%，铝和铜的回收率分别为 73.1% 和 52.7%。

▶ 图 4.13 炉渣中筛分出的金属

（3）制作吸附剂

吸附技术在污染物去除中应用较多。生活垃圾炉渣所对应的吸附容量相对较高，并且具有较强的阳离子交换能力，可以吸附水中的重金属，炉渣制作成吸附剂备受外界关注。炉渣与天然沸石的成分相似，炉渣转化为沸石型材料已被证明是一个有前景的方案。炉渣在强碱条件通过水热转化转换为沸石型吸附材料，其表现出的性能优于天然沸石型吸附材料。

4.3 飞灰的资源化利用

生活垃圾焚烧飞灰是指焚烧厂烟气净化系统捕集物以及烟道和烟囱底部沉降的残留物（见图 4.14），其中含有苯并芘、苯并蒽、二噁英等有机污染物和 Cr、Cd、Hg、Pb、Cu、Ni 等重金属以及 NaCl、KCl 等可溶性盐和 CaO、SiO_2、Al_2O_3 等成分，飞灰属于《国家危险废物名录》中的 HW18 类危险废物。根据《2018 年中国统计年鉴》统计数据，预计到 2020 年，全国城镇新增生活垃圾无害化处理设施能力可达 34 万吨 / 天，垃圾总焚烧量达 59.14 万吨 / 天，年产生垃圾焚烧飞灰量约 1000 万吨。

图 4.14　烟气处理过程中产生的飞灰

由于垃圾焚烧飞灰污染物质不稳定和成分不确定使其无害化处置和再生循环面临很大困难，目前普遍采用螯合剂对其进行稳定化固化处理后，再对飞灰进行安全填埋。但是，随着全国垃圾填埋场与危险废弃物填埋场的容量已接近饱和，垃圾焚烧飞灰的处置现成为制约垃圾焚烧业的瓶颈问题。但是经过无害化处置的飞灰还是具备资源化应用的潜力。

（1）生产水泥

由于飞灰中含 SiO_2、Al_2O_3、CaO、Fe_2O_3 等物质，其与水泥生产原料成分接近，可以用于替代生产水泥的部分原材料，生产水泥。在传统水泥生产过程中，生产水泥需要耗费大量的石灰石和能量，同时产生 1 吨水泥会产生 1 吨二氧化碳。将飞灰替代部分石灰石不仅可以节省资源并减少二氧化碳排放，同时水泥煅烧还可以降解飞灰中二噁英等有毒有害物质。但由于飞灰中的 Cl^- 含量较多，对水泥品质会产生一定的影响，要确保水泥的性能满足环保要求，还需要对飞灰进行一定的预处理。

（2）制备水泥混凝土

飞灰中SiO_2、Al_2O_3、CaO、Fe_2O_3等物质，与常用的辅助胶凝材料高炉矿渣、粉煤灰等非常接近，同属 $CaO-SiO_2-Al_2O_3-Fe_2O_3$ 体系，可用于水泥混凝土的制备。

（3）制建材原料

垃圾焚烧飞灰中含有大量的 CaO、SiO_2、Al_2O_3、Fe_2O_3，可以代替部分建材原料，但需预处理，去除二噁英、稳定固化其中的重金属等有害物质。当温度升至 1000℃左右时，飞灰在高温状态下开始熔融成玻璃状态，而且飞灰中的有机污染物被降解，重金属也包裹在玻璃体中。如中国天楹针对国内生活垃圾特点，开发出了一套适配中国垃圾焚烧高盐分飞灰的新型综合资源化利用等离子体飞灰熔融工艺，彻底实现了飞灰处理的无害化、减量化和资源化，其采用先进的等离子熔融技术，产生的 1500℃高温可以彻底摧毁二噁英；同时，经配方设计将重金属键结固化成玻璃体，稳定性达上千年，生成的玻璃体可作建材。如图 4.15 所示。

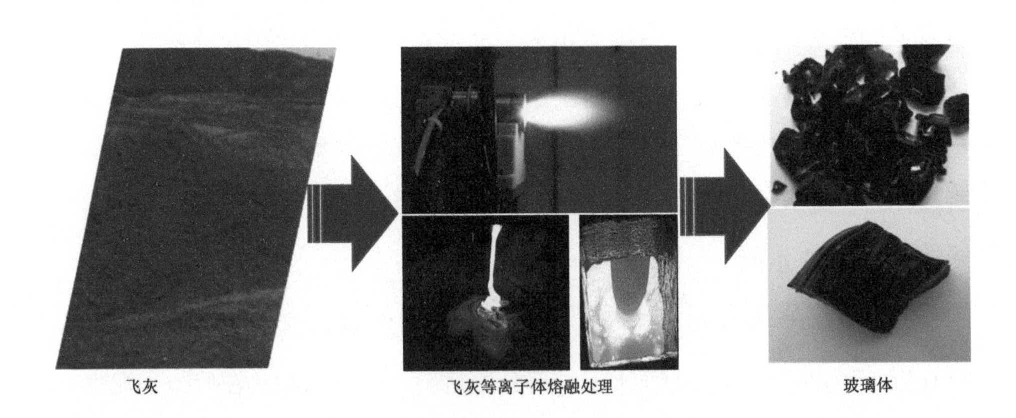

图 4.15 飞灰等离子体熔融处理制玻璃体

第5章

大件、装修垃圾及电子废弃物资源化利用

5.1 大件垃圾资源化利用

5.1.1 国内外大件垃圾处理现状

(1)英国

根据英国的《废物管理条例》，大件垃圾是指质量超过 25 千克，或者不能被直径为 750 毫米、高 1 米的柱状容器容纳的物件。在英国，当居民有丢弃大件垃圾的需要时要跟当地政府联系，以便安排收集相关事宜。Anthony Curran 等对英国大件垃圾的管理现状进行了极为全面的描述。

英国大件垃圾强调是家庭大件垃圾，对大件垃圾产生源性质进行了限定，同样是指又大又重的物件，例如家具、电器等。英国当地政府为居民提供两种选择来处理大件垃圾：一是专项收集服务，包含一定的收集费用；二是家庭废物回收中心，居民自行将废物送至回收中心，无需交费。调查显示，约 60% 的居民选择家庭废物回收中心，只有 19% 的居民选择专项服务，且回收中心收集到的大件垃圾再利用率高达 59%。同时，英国也存在私人企业和商业机构、慈善机构等第三方对大件垃圾进行收集。英国对大件垃圾的处理方式以回收利用作为首选，FRN 是专门收集旧物用于慈善的组织，其业务遍布英国，每年收集到的电冰箱就多达 3 万台。对于无法再利用也不具有回收价值的大件垃圾，回收中心或者地方政府或者个人可将其送至填埋场，进入垃圾处理系统。

(2)丹麦

丹麦对大件垃圾的定义比较宽泛，指家里用完的大型消费品，即不是普通生活垃圾；实际上，大件垃圾的定义不仅取决于垃圾类型，还取决于物件尺寸、重量以及收集方式。Anna W Larsen 等对丹麦大件垃圾相关情况进行了论述，其收集方式主要是回收中心和路边收集两种。回收中心分布范围广，回收类别更多，只接受主动送上门的废旧物品。路边收集既是常规性的收集服务（2 ~ 12 次 / 年），也开展预约收集服务（预约后一周内收集）。

丹麦大件垃圾年产生量为150 ~ 250千克/人，其中90%通过回收中心收集。丹麦对大件垃圾的资源利用方式主要考虑可回收性和可燃性，通常12件收集到的大件垃圾中10件可回收利用，占总重的50% ~ 60%；剩下的有30% ~ 40%属于可燃物进行焚烧，10%为不可燃物进行填埋。

（3）日本

在日本，大件垃圾也是指来自家庭，且金属类最长边在30厘米以上，其他类（如塑料、木制品等）最长边在50厘米以上的大件物品，主要是桌椅、榻榻米和床垫等；空调、电视、电冰箱等家电不列入大件垃圾范围，对其有单独的收集处理规定。日本大件垃圾收集方式主要有预约回收和自行运送，其中预约回收可采取电话预约或网络预约，预约时必须说明大件垃圾的种类、大小等参数，接受预约的部门应告知居民回收时间、办理流程及费用等详情，并相互约定回收地点；居民也可主动联系资源中心（大件垃圾资源化处理设施），申请自行运送，同样需要缴纳处理费用。日本对收集到的大件垃圾优先采用二次利用的资源化方式，有需要的市民可申请免费使用；不能再使用的大件垃圾进行拆解处理，回收金属等材料，其他可燃类送去焚烧厂处理。

（4）中国

在我国，按照《大件垃圾收集和利用技术要求》（GB/T 25175—2010），大件垃圾指质量超过5千克或体积大于0.2立方米或长度超过1米，且整体性强而需要拆解后再利用或处理的废弃物。国内对于大件垃圾的收运和处理尚处于起步阶段，自《再生资源回收体系建设中长期规划（2015—2020年）》提出后，推进再生资源回收管理体制改革，构建多元化回收、集中分拣和拆解、安全储存运输和无害化处理的完整、先进的回收体系显得尤为重要。

大件垃圾作为可再生资源的重要部分，国内一些城市率先意识到对大件垃圾收运处理体系的建设刻不容缓，如北京市、杭州市、南京市、广东省的生活垃圾管理条例中均对大件垃圾做出了相应规定，深圳市也在多年探索生活垃圾前端分流处理模式的基础上，积极响应中央政府的号召，着手开展大件垃圾收运处理体系的统筹规划，走在全国的前列。深圳市早在2016年提出生活垃圾前端分流处理体系，将大件垃圾单独作为一类，建立集中回收拆解再利用的处理体系。后续，深圳市各区纷纷建立大件垃圾收集处理体系，成立了专业的清运队伍，配备了相应的设施设备，建立了各区大件垃圾处理厂，但是各区作业水平参差不齐，既有流程完善且资源化水平达到示范水平，对大件垃圾进行人工拆解，回收利用各项资源；也有敷衍了事，收集效果不理想，处理程序也仅仅是简单破碎的情况。

南京市鼓楼区的大件垃圾收运处理工作，主要由街道、社区负责收集、运送。2016 年，鼓楼区成立大件垃圾分拣中心，各街道、社区根据分拣中心现有的功能，组织进行大件垃圾前端的分类和收集工作，再集中运送至分拣中心，并按规定登记刷卡、称重计量。分拣中心由专业公司管理运营，对运送到中心的大件垃圾集中进行分拣、拆解、打包、分类存放，再根据分拣出的不同种类分别送至不同的专业工厂进行再利用，残渣废料进入生活垃圾末端处置设施。南京市计划在各区建设大件垃圾拆解中心，负责拆解废旧的家具、沙发等，以后市民有望通过预约上门收集大件垃圾，也有可能采取各社区设立集中堆放点的模式。

5.1.2 大件垃圾资源化利用技术

大件垃圾包含很多种类，对于不同类别的大件垃圾可选用的回收处理方式也不尽相同，主要是修补再利用、人工拆解和机械破碎。不同回收处理方式得到的回收产物可分为二手物品、二手零部件、回收材料和残渣废料。例如废旧家具、自行车等经过维修等处理可以成为二手物品，再次投入使用；无法再次使用的可以同床垫、房屋装饰品等一起拆解，部分零部件再次投入使用，并回收金属、木材、塑料等材料，作为生产原材料；无再利用价值的残渣废料可采用破碎的方式进行减容处理，运至焚烧厂进行能源化利用。

目前，大件垃圾资源化利用前期都需要进行拆解、破碎、分选预处理。通过预处理，不仅可以剔除砂石等杂质，塑料等轻组分物质，还可以分离出高价值的金属，这样可以保证后续资源化工段进料的纯度，进而最大限度地进行资源化利用。废旧家具回收处理工艺流程如图 5.1 所示。

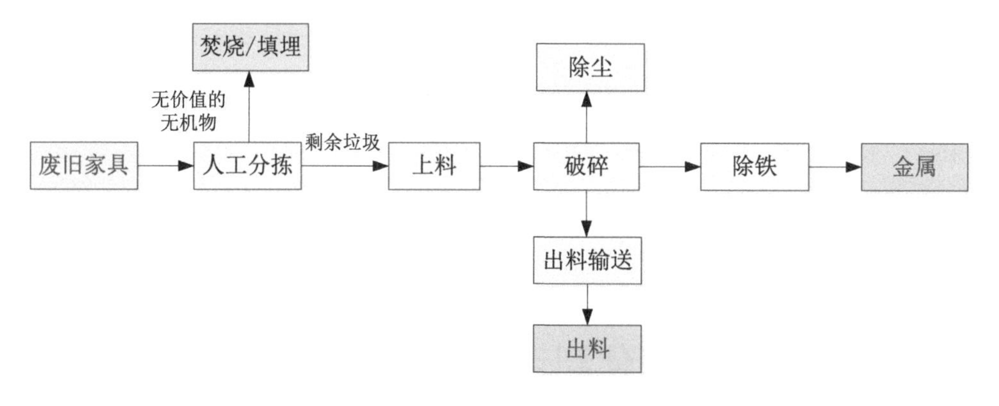

▶ 图 5.1　废旧家具回收处理流程

资源化方式主要有以下几种。

① 废旧木质家具的直接加工再利用主要是指废旧家具中保存较好的板材经过木工机械加工后的再利用。

② 废弃木材置于自然界中任其腐烂或降解作为肥料使用，这种做法目前很少。

③ 旧家具分解出来的木材也有焚烧利用途径，用来产生热能量或其他能量，但是目前家具旧木材并未形成体系化处理。

④ 不附胶、涂料的木质废弃材料经过化学加工，成为木质化学加工品和造纸原料。这种处理方式目前并不多见。

⑤ 废旧木质家具经过制造的木材破碎机分离杂物，经过水煮或汽蒸得到木质纤维、刨花等材料，加入胶黏剂及其他添加剂制成再生刨花板和再生纤维板。再生纤维和刨花在制作新家具时，一般与原木材料混合使用，在制作再生纤维板时旧材料的使用量为 30%。另外，废弃木质材料也可以加工成锯末制造生物质颗粒或机制木炭。

⑥ 废旧家具材料包含较多细木工板（即大芯板）和胶合板，这两种板材通过高温水煮等方法分离出其中的木条和单板，实木家具也可以通过木工机械加工出木条和单板，这两者正是生产集成材、大芯板的重要材料。两者制造工艺与普通细木工板、集成材制造一样。由于再生胶合板材料是面积较大

的单板，从现实的情况来看，利用旧家具材料生产再生胶合板的生产量不大。

⑦ 非木材破碎后的锯末和塑料粉末结合，制成木塑复合材料，用于室外家具、木塑托盘、汽车工业等方面。

5.2 装修垃圾资源化利用

5.2.1 国内外装修垃圾处理现状

（1）国外情况

苏联专家于1946年最早提出建筑垃圾再生利用的概念。随后国外众多学者和专家围绕再生集料混凝土材料性能进行了一系列基础性研究，主要包括再生集料的生产工艺、再生集料的基本性能、再生集料混凝土配合比设计、再生集料混凝土的基本物理性能、再生集料混凝土的基本力学性能和有关建议标准等。

日本由于资源匮乏,政府和民众都非常珍惜可用资源,重视对环境的保护。其中，也包括对装潢建筑垃圾和建筑垃圾的综合利用，并将工程建设中和装潢维修中产生的垃圾视为“建筑副产品”和“可再生资源”。同时，制定相关的法律法规，并相继在各地建立了以处理混凝土废弃物为主的再生加工厂，生产再生水泥和再生集料。

美国是较早提出环境标志的国家。美国政府规定：“任何生产有工业废弃物的企业，必须自行妥善处理，不得擅自随意倾卸。”鼓励对装潢建筑垃圾和建筑垃圾的再生利用，而对垃圾的填埋处理收费较高。近几年来，联邦和各州政府的有关部门制定了各种利用废料生产建材的计划。美国现在已有超过20个州在公路建设中采用再生集料，有15个州制定了关于再生集料的规范。

德国已有500多个工厂从事建筑垃圾的循环利用，其中西门子公司采用的干馏燃烧工艺可高效分拣出建筑垃圾中可再生利用成分，埃森市RWE环保公司的混合垃圾分选系统，只需将工地收集的建筑垃圾直接倾倒在该设备的传送带上，随后分选设备便将可利用的资源分离出来。

丹麦、荷兰、新加坡等国家也已经制定了关于建筑垃圾再生利用的指南，且收效显著。丹麦在传统管理手段与各种经济手段相结合的基础之上建立了固体废弃物综合系统。该套系统不仅可以控制废弃物的流动，还可对主要成分进行循环利用。荷兰是世界上建筑废弃物回收利用率最高的国家之一，有着高超的建筑垃圾资源化技术，通过对建筑垃圾进行分选、破碎、筛分、再生处理，将其变成高品质的再生集料，用于建筑材料。目前常见的移动式建筑垃圾处理设施如图5.2所示。

▶ 图5.2　移动式建筑垃圾处理设施

（2）国内情况

我国对建筑垃圾的处理方法大多是运到偏远地区堆放或填埋，建筑垃圾资源化利用的研究尚处于起步阶段。近年来，国内专家学者们也在这方面开展了一些基础性研究。例如1997年建设部将“建筑废渣综合利用”列入了科技成果重点推广项目。2000年，秦皇岛冶金设计研究总院等7家单位合作的“建筑垃圾的处理及再生利用研究”课题中，对再生集料、再生混凝土的性能进行了较为全面的研究。同济大学材料科学与工程学院对绿色建材的生产工艺及适用性能进行了系统的研究。华中科技大学的李惠强、杜婷等设计了一套建筑垃圾处理工艺，并对再生集料的经济效益进行了评价，肖建庄、孙振平等对建筑垃圾再生集料的生产工艺进行了优化。

当前，我国正处于前所未有的基础建设浪潮中，长期的土石方开采导致严重的资源枯竭、生态环境破坏、水土流失等问题，基础建设的可持续发展与原材料资源短缺的矛盾日益突出。建筑垃圾循环利用技术是当前工程建设领域亟待解决的问题。

在南京南部新城建设中，中铁四局对砖混结构中的碎砖和混凝土进行合理破碎，通过制订合理的再生技术，并辅以相应的施工和检测技术，在市政道路路基工程的不同结构层中加以充分利用，使建筑固体废弃物变废为宝，促进建筑固体废弃物循环利用技术长足发展。根据初步测算，整个南京南部新城三个片区共有建筑垃圾原材料约 160 万立方米，可加工成成品料约 80 万立方米，这样不仅可以减少外运建筑垃圾，还可减少外购填料约 80 万立方米，不但节约了成本，保护了环境，而且取得了良好的社会效益。

住房和城乡建设部 2018 年在北京、上海、广州等 35 个城市开展了全国建筑垃圾治理试点工作，目前，建成的建筑垃圾处置项目的已有 222 家，累计年处置建筑垃圾量达 1.87 亿吨；在建项目有 62 个，预计产能将达 5600 万吨 / 年。图 5.3 所展示的为一家建筑垃圾再生处置中心，主要产品为集料及面砖。

▶ 图 5.3　建筑垃圾再生处置中心

5.2.2 装修垃圾资源化利用技术

装修垃圾通过破碎、分选后，回收金属、木材、RDF（垃圾衍生燃料，可用于焚烧发电）和渣土原材料等各类可再生资源实现资源化，具体资源化途径如图 5.4 所示。

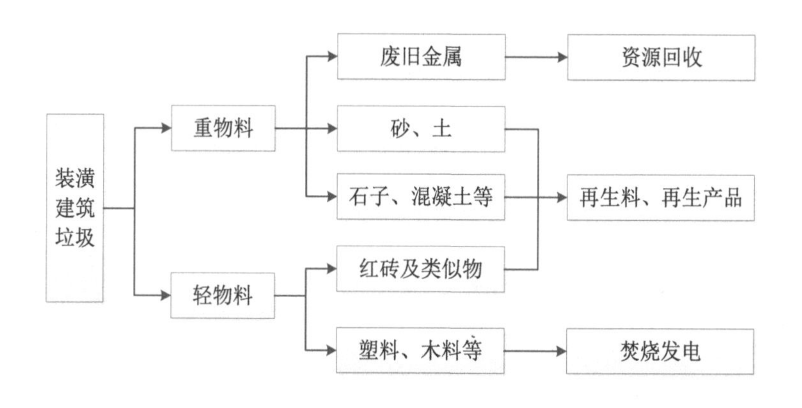

▶ 图 5.4　装潢建筑垃圾资源化途径

① 装修垃圾中的轻质物料如薄膜、纸张、布料、纤维、泡沫、海绵等送去资源化分类或制 RDF 处理，如图 5.5 所示。

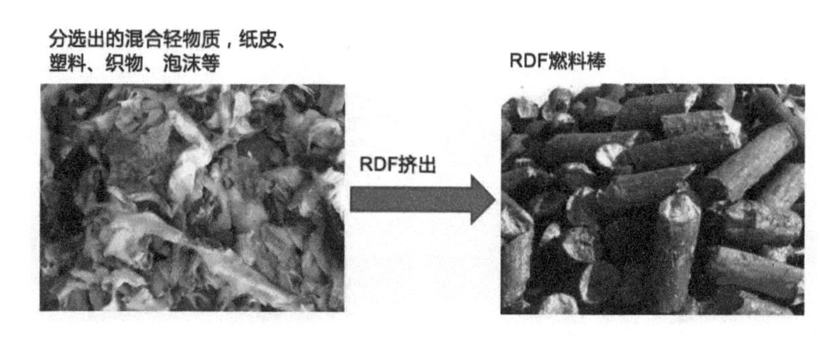

▶ 图 5.5　筛出轻组分制 RDF 燃料棒

② 装修垃圾中的重质物料如砖、石、瓷砖、渣土等送去制砖或填埋处理，如图 5.6 所示。

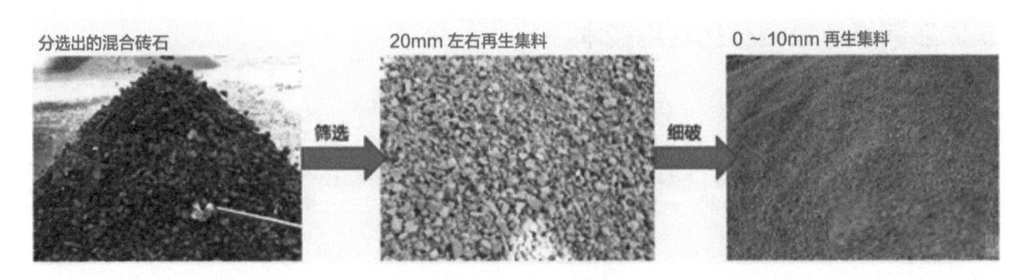

▶ 图 5.6　再生细集料

③ 较轻物料如木材、木板等可重新生产环保木塑原料，如图 5.7 所示。

▶ 图 5.7　分选出的木块再生环保木塑原料

④ 磁选分选出铁类金属，涡电流分选出其他有色金属，如图 5.8 所示。

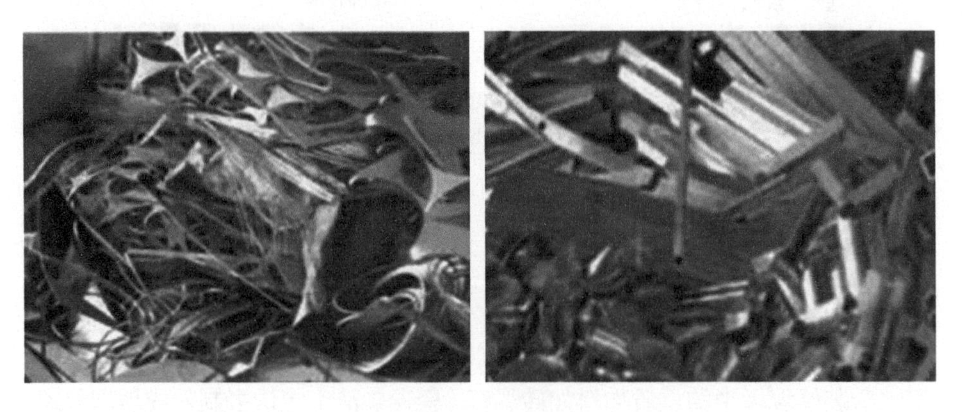

▶ 图 5.8　回收金属

5.3 电子废弃物资源化利用

5.3.1 国内外电子废弃物处理现状

（1）欧美国家

发达国家成功的经验是在减量化、再利用、再循环的基础上，遵循“资源－产品－再生资源”和“循环经济发展模式”，并实行“生产商责任延伸制”，组建生产商联合协会或经授权的民间组织，通过立法确保电子废弃物物流和资金的畅通，从而实现对电子废弃物的综合回收。美国早在1965年就制定了《固体废物处理法》，成为第一个以法律的形式将电子废弃物利用确定下来的国家；德国是最早对电子废弃物进行综合回收利用的国家，1972年就颁布了《德国废弃物法案》；瑞典法律规定电子废弃物的处理费用由制造商和政府共同承担；法国则强调全社会共同尽责，规定每人每年至少回收4千克的电子垃圾。

在欧美发达国家，电子废弃物的处理研究从20世纪70年代就开始了，已积累了丰富的经验，所以他们在电子废弃物的处理技术方面处于领先的地位。

国外在20世纪80年代开始将生物技术应用于电子废弃物的处理方面，其基本原理就是利用微生物及其代谢产物与电子废弃物中的金属相互作用，从而实现有价金属的回收。

（2）日本

废旧家电属于固体废弃物中的一种，它们对于环境及人体的危害并没有被人们所注意。首先，废旧家电中的元器件往往含有重金属、卤族元素［指周期系ⅦA族元素，包括氟（F）、氯（Cl）、溴（Br）、碘（I）、砹（At）、䃗（Ts），简称卤素］等有害物质。重金属在接触土壤和水源后将会造成严重的污染。因此，家电必须要经历拆解处理等环节才能埋入土中。在各类家电产品中，大都含有镓、锗、硅、铟等元素，具备较高的生产成本。如果可以对这些元素进行回收再利用，可以带来良好的经济效益。即使是最普通的冰箱、空调等家电，在进行拆解后也可回收部分铁、铜、铝等元素。据了解，一些厂商在回收电器中可提取黄金，利润十分可观。2017 年 2 月 16 日，日本东京都政府就在都政府大楼设置了回收废旧手机等进行再利用的金属回收箱，用于制作 2020 年东京奥运会和残奥会的奖牌。

目前，在家电回收行业处于领先的国家分别是日本、芬兰和德国。若想在日本丢弃一件废旧家电，首先要考虑的不是能卖多少钱，而是要缴纳一定的回收利用费。在日本，不缴费而随意丢弃废旧电器属于违法行为。日本的《家用电器回收利用法》和《家电回收利用法和其他回收利用活动》中对电视机、冰箱、洗衣机和空调这四大类废旧家电及液晶电视、等离子电视和衣物烘干机在生产制造、销售、使用、回收利用过程中有着严格的规定和责任义务分工。据统计，日本消费者平均每丢一件电器之前都需向家电零售商或者邮局支付约合 150 元人民币；随后用户会得到一张单据，并将其贴在旧电器上才能按指定的日期和地点交给专业回收机构；回收机构则会交给消费者一张带有管理编号的“家电回收利用单”，消费者可凭上面的编号致电家电回收利用中心进行确认是否得到了适当的处理。

相关统计数据表明：一台冰箱中可拆解出 50% 的钢和 40% 的塑料；一台电视可拆解出 57% 的玻璃、23% 的塑料和 10% 的钢；一台洗衣机可以拆解出 53% 的钢和 36% 的塑料；一台空调可拆解出 55% 的钢、17% 的铜、11% 的塑料和 7% 的铝。同时，在制造家电产品中，日本对可回收利用资源所占比例有着严格的法律规定，例如一台电视机，在设计时就要保证其整体重量 50% 以上的材料必须是可回收利用的，而冰箱、洗衣机和空调的这一比例更高，可回收利用率达到 60% ~ 70%。

（3）中国

我国于 1989 年颁布的《中华人民共和国环境保护法》首次涉及电子废弃物的管理。2003 年前后分别施行了《中华人民共和国清洁生产促进法》

和《中华人民共和国环境影响评价法》，《中华人民共和国清洁生产促进法》主要对电子产品生产和处置企业从源头控制污染物做出规定，《中华人民共和国环境影响评价法》则是总体性地规定了电子废弃物回收处理的全程管理和全面评价体系。2006 年《废弃家用电器与电子产品污染防治技术政策》、2007 年《电子信息产品污染控制管理办法》、2008 年《电子废物污染环境防治管理办法》、2011 年《废弃电器电子产品回收处理管理条例》、2015 年《废弃电器电子产品处理目录（2014 年版）》和 2016 年《电器电子产品有害物质限制使用管理办法》相继实施，我国正不断完善在电子废弃物回收处理方面的相关法律、法规，积极推进电子废弃物的减量化、资源化和无害化。

目前，我国已成为电器电子产品的生产与消费大国，废弃电器电子产品年产生量已超过 700 万吨，居世界第一，而被规范收集和处理的量不到 20%，远低于世界先进水平。电子废弃物含有铜、铝、铁、金、银、钯和塑料等数十种可回收资源，是重要的“城市矿山”，具有极高的资源回收利用价值。为鼓励电子废弃物资源化利用，我国政府共批复 109 家废弃电器电子产品处理基金补贴企业，企业年设计处理能力超过 1.5 亿台，但受利益驱动及基金亏空影响，目前约 80% 的电子废弃物仍流向非正规回收部门，正规企业实际回收处理量不到设计能力的 50%，企业产能过剩，电子废弃物规范回收处理率偏低。

5.3.2 电子废弃物资源化利用技术

对于电子废弃物的资源回收利用，尽管不同国家或公司在流程细节上会有所差异，但总体归纳起来整个资源化过程分三步：第一步是修理或升级后的整件再利用；第二步是拆解的零部件、元器件的回收利用；第三步是材料的回收利用。通过修理或升级的整件再用及元器件回收利用最大限度地利用了电子废弃物的价值，而且几乎不产生任何环境污染。电子废弃物具体的回收再利用途径如图 5.9 所示。

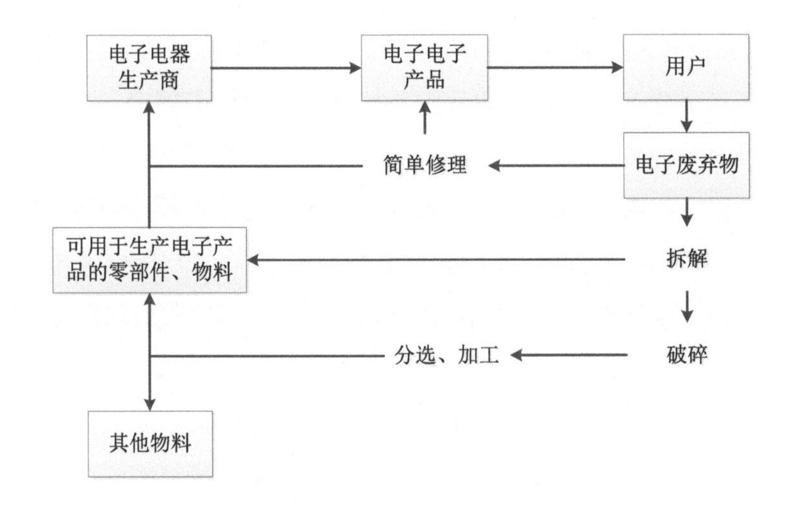

▶ 图 5.9　电子废弃物的回收再利用途径

（1）拆解

拆解是电子废弃物利用的基础，以对电子废弃物中的零部件、材料进行回收。拆解是把电子废弃物的各组成部分分解开的一种系统方法，可分为分类拆解和零部件拆解两类。在实际拆解过程中，要进行选择性拆解，首先要考虑零部件的二次使用，有害零部件必须拆解；另外，含有贵金属和有色金属的如印制电路板、电缆等都要优先考虑。

其中，分类拆解也称为整机解体，就是将整台电器产品解体为易于后续处理的器件，并将物料按照不同材质进行分类，并将电子废弃物中含有的危险废弃物拆出以降低处理过程中对环境造成污染的可能性。通过拆解，废旧家电可得到塑料机壳、金属机壳、玻璃、印制电路板、电线、电缆、显像管、其他零部件等拆解产物。而零部件拆解也称为精拆线，主要针对的是废旧家电整机解体后的产物，目前主要靠手工来完成操作。

（2）物理回收处理技术

物理回收处理技术主要是根据电子废弃物中各成分的密度、粒度、导磁及导电等特性的差异，将各种物质分离开来。其过程主要包括破碎、分选，常见工艺流程如图 5.10 所示。

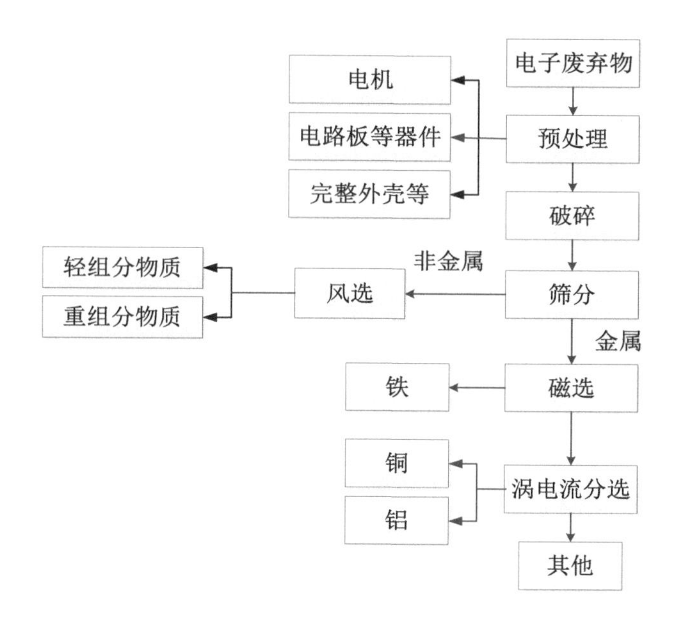

图 5.10 电子废弃物的回收再利用途径

破碎的目的是使大件垃圾的各种成分互相分离，实现金属与非金属的单体解离。常用的破碎设备主要有锤碎机、锤磨机、切碎机和旋转破碎机等。但对于拆除元器件后的废电路板，其主要由强化树脂板和附着其上的铜线等金属组成，硬度较高、韧性较强，因此采用普通的破碎设备难以达到好的解离效果，因此需要采用以剪切为主的破碎设备。

分选是材料再循环的关键工艺，针对材料的特性不同，选择相应的分选方法及装置，可以更加有效地将混合物质分离开来，有利于材料的再循环使用。按物料粒度大小差异分选的技术，其本质就是筛分，即利用筛子将物料中小于筛孔的细粒物料透过筛面，而大于筛孔的粗物料则留在筛面上，从而完成粗、细物料分离的过程；按物料密度差异分选的技术，如重力分选是在活动的或流动的介质中按颗粒密度大小进行颗粒混合物的分选过程，其介质有空气、水、重液（密度大于水的液体）、重悬浮液等；另外还有光学分选、电力分选（主要有静电分选、高压电分选和涡电流分选等几种）、磁力分选等分选技术。

（3）化学回收处理技术

化学回收处理技术主要包括火法冶金和湿法冶金。

火法冶金实质是一种最古老的炼金方法，20 世纪 80 年代广泛应用于从废旧家电等电子废弃物中回收贵金属，其基本原理是利用冶金炉高温加热剥离非金属物质，贵金属熔融于其他金属熔炼物料或熔盐中，再加以分离，其中非金属物质主要是电路板有机材料等，一般呈浮渣物分离去除，而贵金属与其他金属呈合金态流出，再精炼或电解处理。目前火法冶金有焚烧熔出工艺、高温氧化熔炼工艺、浮渣技术、电弧炉烧结工艺等。该方法在 20 世纪 80 年代应用较为普遍。火法冶金提取贵金属具有简单、方便和回收率高的特点，但是存在有机物在焚烧过程中产生有害气体造成二次污染、大量浮渣的排放增加二次固体废物、其他金属回收率低，处理设备昂贵而且处理能耗大的问题。电子废弃物火法冶金具体的工艺流程如图 5.11 所示。

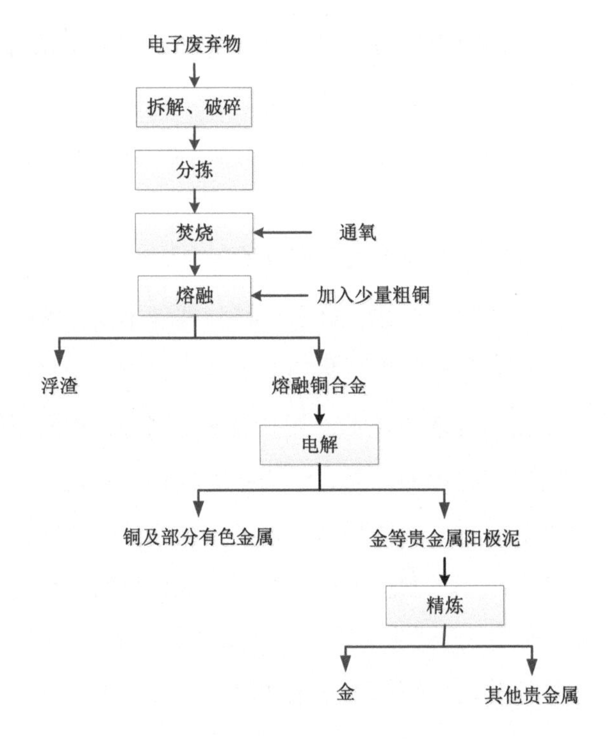

图 5.11　电子废弃物火法冶金工艺

湿法冶金是目前应用较广泛的从废家用电器等电子废弃物中提取贵金属的技术。湿法冶金技术的基本原理主要是利用贵金属能溶解在硝酸、王水和其他苛性酸中的特点，将其从电子废弃物中脱除并从液相中予以回收（见图5.12）。处理包括破碎后的大件垃圾颗粒在酸性或碱性条件下的浸出，浸出液的溶剂萃取、沉淀、置换、离子交换、过滤及蒸馏等过程。通过这一系列的处理可获得高品位及高回收率的金、银等贵金属及铜等有色金属。湿法冶金的一般工艺流程为：将废弃物用 30% ~ 50% 的硝酸溶液在 35℃下浸泡，以获得金属硝酸盐、固体金和二氧化砷。除去不融塑料后，用浓硫酸处理悬浮液，得到含金和二氧化砷的硫酸盐晶体。冷却，将硫酸盐放入水中，形成包括铜、钯、银溶液和金、二氧化砷、硫酸铅的不融物，将这些不融物过滤出去。将滤渣用 Na_2CO_3 冶炼得到金，过滤液用铜作为黏合剂形成银钯合金。在电流密度为 80~120 安 / 平方米时，铜从溶液中电沉积析出，银钯合金通过电精练释放出银和钯。该方法对银、钯、金和铜的回收率都超过 97%。

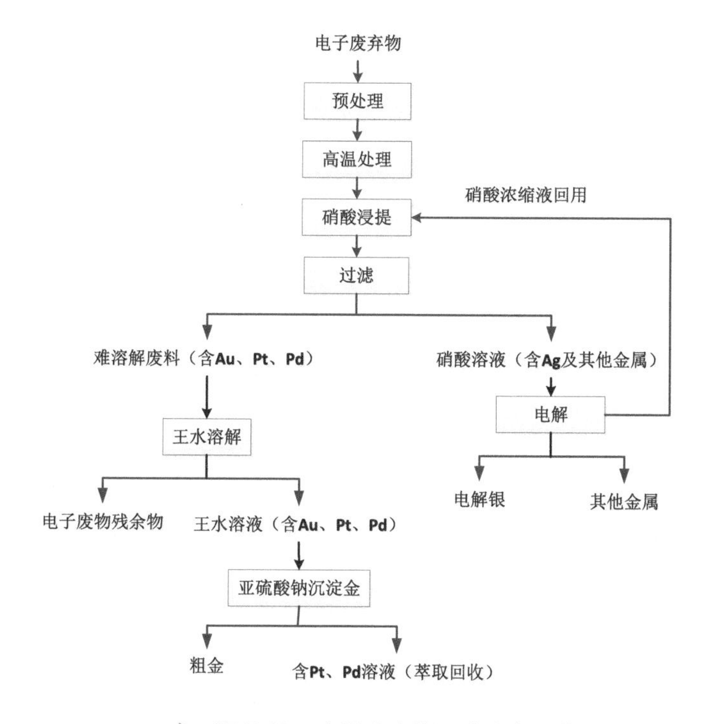

图 5.12 电子废弃物湿法冶金工艺

（4）生物回收处理技术

生物回收处理技术是利用微生物浸取金属，主要有生物吸附、生物累积和生物浸出。

1）生物吸附

生物吸附是指废液中的有毒有害的金属离子通过微生物细菌细胞表面的多种化学基团如胺基、酰基、羟基、氨基、磷酸基等的物理化学作用，结合在细菌的细胞表面，然后被输送至细胞内部，微生物可以从极稀的溶液中吸收金属离子，在一定条件下，微生物细胞能够富集几倍于自身重量的金属离子，富集后的金属可以通过有机物回收的途径再转变为有用的产品。

2）生物累积

生物累积是指细菌依靠生物体的代谢作用而在细胞体内累积金属离子，生物累积有很多优点，可对复杂溶液中某一特定金属离子有良好的选择性，能处理很稀的溶液，材料便宜，成本低廉。故可以利用微生物对金属离子的生物累积作用从照相业的废水中提取回收银，从采矿废水、温泉水及珠宝加工废品中提取金等。

3）生物浸出

生物浸出技术是指利用特定微生物细菌对某些金属硫化物矿物的氧化作用，使金属离子进入液相并实现对金属离子的富集作用，细菌浸出现已用于铜和铀的工业生产，是一种处理低品位矿的有前途的方法。生物回收技术及理论的研究已经有半个多世纪的历史，该技术开始主要用于从金矿石中提取金，利用某些微生物在金矿表面的吸附作用及微生物的氧化作用来提取金属。

（5）废旧家电中黄金提取

电子工业中的废器件品种极其繁多，且随着信息产业的飞速发展，含金废料的数量越来越多。废旧家电中的金主要存在于各类印制电路板、有源元器件和片状元器件中，如锗普通二极管、硅整流元件、硅整流二极管、硅稳压二极管、可控硅整流元件、硅双基二极管、硅高频小功率晶体管、高频晶体管帽、高频三极管、高频小功率开关管、干簧继电器、硅单与非门电路、电容器、电位器、电阻器、集成电路、触点、引线等。那么如何从中提取黄金呢？下面做了一些相关介绍，快看看吧（见图 5.13）。

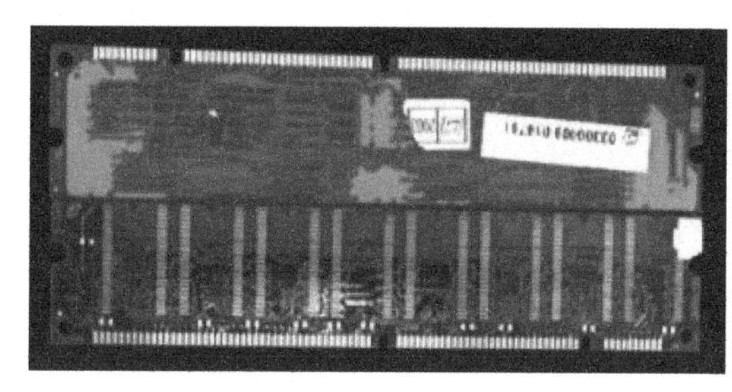

▶ 图 5.13　电路板中提取黄金

1）从含金固体废料中回收金

含金固体废料种类繁多，组分各异，回收方法差异较大。但通常遵循一定的回收思路：回收前挑选分类→熔金造液→金属分离富集→富集液净化→金属提取→粗金→精炼（或直接深加工）。

2）从镀金废料中回收金

镀金废料与前述含金固体废料的最大差别是镀金废料的金一般处于镀件的表面，许多镀金废件在回收完表面金层后，其基体材料可以重复使用。因此，从这类固体废料回收金的工艺与前述固体废料的金回收工艺有较大的差异。常用方法有利用试剂溶解的化学退镀法、利用熔融铅熔解贵金属的铅熔退镀法、利用镀层与基体受热膨胀系数不同的热膨胀退镀法和电解退镀法等。

参考文献

[1] Esra Uckun Kiran, Antoine P. Trzcinski, Wun Jern Ng, Yu Liu. Bioconversion of food waste to energy: A review[J]. Fuel, 2014, 134(1):389-399.

[2] Gao A, Tian Z, Wang Z, et al. Comparison between the Technologies for Food Waste Treatment[J]. Energy Procedia, 2017, 105:3915-3921.

[3] Pinto F, Costa P, Gulyurtlu I, et al. Pyrolysis of plastic wastes. 1. Effect of plastic waste composition on product yield[J]. Journal of Analytical and Applied Pyrolysis, 1999, 51(1):39-55.

[4] Giada Kyaw Oo D' Amore, Marco Caniato, Andrea Travan, et al. Innovative thermal and acoustic insulation foam from recycled waste glass powder[J]. Journal of Cleaner Production, 2017, 165(1):1306-1315.

[5] Zhao Youcai. Pollution Control and Resource Recovery: Municipal Solid Wastes Incineration Bottom Ash and Fly Ash[M], Cambridge: Elsevier, 2017.

[6] Zhao Youcai, Zhang Chenglong. Pollution Control and Resource Reuse for Alkaline Hydrometallurgy of Amphoteric Metal Hazardous Wastes[M], Cham: Springer, 2017.

[7] Sloot H A V D, Kosson D S, Hjelmar O. Characteristics, treatment and utilization of residues from municipal waste incineration[J]. Waste Management, 2001, 21(8):753-765.

[8] Dhananjay Bhaskar Sarode, Ramanand Niwratti Jadhav, Vasimahaikh

Ayubshaikh Khatik,et al. Extraction and Leaching of Heavy Metals from Thermal Power Plant Fly Ash and ItsAdmixtures[J]. Polish of Environmental Studies, 2010,6(6):1325-1330.

[9] Wiles C , Shepherd P . Beneficial Use and Recycling of Municipal Waste Combustion Residues - A Comprehensive Resource Document[R]. Golden:NREL, 1999.

[10] Curran A , Williams I D , Heaven S . Management of household bulky waste in England[J]. Resources, Conservation and Recycling, 2007, 51(1):78-92.

[11] Hamer G . Solid waste treatment and disposal: effects on public health and environmental safety[J]. Biotechnology Advances, 2003, 22(1-2):71-79.

[12] 国家统计局 . 中国统计年鉴 [M]. 北京：中国统计出版社，2018.

[13] 唐平，潘新潮，赵由才 . 城市生活垃圾：前世今生 [M]. 北京：冶金工业出版社，2012.

[14] 赵由才 . 固体废物处理与资源化技术 [M]. 上海：同济大学出版社，2015.

[15] 赵由才 . 牛冬杰，柴晓利 . 固体废物处理与资源化 [M]. 北京：化学工业出版社，2019.

[16] 赵由才 . 生活垃圾处理与资源化 [M]. 北京：化学工业出版社，2016.

[17] 赵由才 . 可持续生活垃圾处理与处置 [M]. 北京：化学工业出版社，2007.

[18] 宋立杰，陈善平，赵由才 . 可持续生活垃圾处理与资源化技术 [M]. 北京：化学工业出版社，2014.

[19] 赵由才 . 生活垃圾资源化原理与技术 [M]. 北京：化学工业出版社，2002.

[20] 赵由才，宋玉 . 生活垃圾处理与资源化技术手册 [M]. 北京：冶金工业出版社，2007.

[21] 王星，施振华，赵由才 . 分类有机垃圾的终端厌氧处理技术 [M]. 北京：冶金工业出版社，2018.

[22] 赵天涛，梅娟，赵由才 . 固体废物堆肥原理与技术 [M]. 第二版 . 北京：化学工业出版社，2017.

[23] 蹇瑞欢，吴剑，宋薇 . 生活垃圾焚烧与餐厨垃圾处理协同处置的分析研究 [J]. 环境卫生工程 ,2018,26(02):26-28.

[24] 孙艳艳，吕志坚 . 美国构建餐厨垃圾等级化处理体系 [J]. 全球科技经济瞭望 ,2014(01):56-61.

[25] 张振华，汪华林，胥培军，等 . 厨余垃圾的现状及其处理技术综述 [J]. 再生资源研究 ,2007(5):31-34.

[26] 李来庆，张继琳，许靖平 . 餐厨垃圾资源化技术及设备 [M]. 北京：化学工业出版社，2013.

[27] 柯壹红，王晓洁，孙启元，等 . 餐厨垃圾资源化技术现状及研究进展 [J]. 海峡科学 ,2018(06):5-6,9.

[28] 唐帅，宋维明 . 美国废纸回收利用的经验做法与借鉴 [J]. 对外经贸实务，2014(06):27-29.

[29] 渡边泰伸 . 日本废纸的回收及利用 [J]. 国际造纸 ,2010(3):50-53.

[30] 卞琼，刘明华 . 废纸的资源化利用研究 [J]. 华东纸业 ,2014(01):49-54.

[31] 郭彩云，梁川 . 全球废纸资源的回收与利用 [J]. 造纸信息 ,2018(11):9-15,1.

[32] 沈伊濛 . 美国 2013 年废纸回收率为 63.5%[J]. 造纸信息 ,2014(9):64-64.

[33] 钱伯章 . 国外废旧塑料回收利用概况 [J]. 橡塑资源利用 ,2009(6):27-32.

[34] 柯敏静 . 中国废塑料回收和再生之市场研究 [J]. 塑料包装 ,2018,28(03):24-28.

[35] 陈荔峰 . 废塑料的资源化技术——回收再利用 [A]. 中国环境保护优秀论文集（2005）（下册）[C]. 北京 : 中国环境科学学会 ,2005:6.

[36] 史小慧 , 况前 , 陈严华 , 等 . 城市生活垃圾中废塑料的资源化利用 [J]. 中国资源综合利用 ,2019(2):90-92.

[37] 求先 . 美国废金属的回收及利用 [J]. 国外物资管理 ,1989(2):21-22.

[38] 苏鸿英 . 俄罗斯废金属回收工业现状 [J]. 世界有色金属 ,2012(07):57-58.

[39] 佚名 . 日企染指中国废旧金属资源 [J]. 资源再生 ,2010(10):32-33.

[40] 才秀芹 , 曾雄伟 , 冯明良 , 等 . 废玻璃的回收处理与利用 [J]. 玻璃 ,2010, 37(02):20-24.

[41] 牛振怀 . 废旧涤纶织物再资源化的研究 [D]. 太原：太原理工大学 ,2015.

[42] 张帆 , 杨术莉 , 杜平凡 . 废旧纺织品回收再利用综述 [J]. 现代纺织技术 , 2015,23(6):56-62.

[43] 王朝 , 杨洋 . 生活垃圾炉渣资源化利用技术探讨 [J]. 环境与发展 ,2016, 28(4):42-44.

[44] 邓启良 , 黄进 , 蔡雷 . 垃圾焚烧炉渣资源化利用 [J]. 成都大学学报 (自然科学版),2011,30(2):96-98.

[45] 袁满昌 , 温冬 . 焚烧炉渣的综合处理与资源化利用研究 [J]. 环境卫生工程 ,2019,27(02):50-55.

[46] 白良成 . 生活垃圾焚烧处理工程技术 [M]. 北京：中国建筑工业出版社, 2009.

[47] 张益 , 赵由才 . 生活垃圾焚烧技术 [M]. 北京：化学工业出版社，2000.

[48] 刘彩 . 大件垃圾回收处理设施选址及功能优化研究 [D]. 武汉：华中科技大学 ,2018.

[49] 王莉 , 赵由才 , 牛冬杰 . 大件废物管理浅析 [J]. 四川环境 ,2008,27(3): 113-117.

[50] 王罗春，蒋路漫，赵由才 . 建筑垃圾处理与资源化 [M]. 第二版 . 北京：化学工业出版社，2017.

[51] 陈天 . 装潢建筑垃圾处理现状及其分拣分类处理工艺研究 [A].《环境工程》编委会，工业建筑杂志社 .《环境工程》2018 年全国学术年会论文集（中册）[C]. 北京：工业建筑杂志社 ,2018:5.

[52] 赵由才，黄晟，高小峰 . 建筑废物资源化利用 [M]. 北京：化学工业出版社，2017.

[53] 赵由才，余毅，徐东升 . 建筑废物处置和资源化污染控制技术 [M]. 北京：化学工业出版社，2017.

[54] 张弛，柴晓利，赵由才 . 固体废物焚烧技术 [M]. 第二版 . 北京：化学工业出版社，2017.

[55] 赵由才 . 可持续生活垃圾处理与处置 [M]. 北京：化学工业出版社，2007.

[56] 周立祥，侯浩波，赵由才，等 . 固体废物处理处置与资源化 [M]. 北京：中国农业出版社，2007.

[57] 张大林 . 城市矿产再生资源循环利用 [M]. 广州：广东经济出版社，2013.

[58] 牛冬杰，马俊伟，赵由才 . 电子废弃物处理处置与资源化 [M]. 北京：冶金工业出版社，2007.

[59] 周全法，程洁红，陈娴 . 废旧家电资源化技术 [M]. 北京：化学工业出版社，2012.

[60] 赵由才，牛冬杰 . 湿法冶金污染控制技术 [M]. 北京：冶金工业出版社，2003.

[61] 赵由才，张承龙，蒋家超 . 碱介质湿法冶金技术 [M]. 北京：冶金工业出版社，2009.

[62] 龚卫星，王光辉 . 电子废弃物循环利用技术现状 [J]. 中国资源综合利用，2012,30(9):43-46.